次の10年を決める
「ビジネス教養」がゼロからわかる！

5Gビジネス
見るだけ
ノート

監 修
三瓶政一
Seiichi Sampei

宝島社

5Gビジネス
見るだけノート

監修
三瓶政一
Seiichi Sampei

5G BUSINESS
MIRUDAKE NOTE

宝島社

「5G」は我々の生活を
大きく変える起爆剤？

最近テレビでも5Gの番組やニュースが多くなりましたが、「いったい何？」という方は結構多いのではないでしょうか？

5Gとは第5世代携帯電話システムのことであり、国際電気通信連合の無線通信部門（ITU-R）で標準化された国際標準です。では1Gから4Gまではあったの？ という疑問を持つ方も多いでしょう。1Gから4Gまでは確かに存在し、無線通信システムに関係する技術者の間では広く認知されていますが、一般の方はスマホで情報収集ができさえすればそこで利用されている無線アクセス方式を知る必要もないことから、これまで携帯電話の世代について知る必要性はありませんでした。では5Gはなぜ、多くの人が気になるキーワードになったのでしょうか？

それは、5Gが、4Gまでのスマートフォンへの情報配信サービスから大きく脱却し、スマートオフィス、スマート工場、自動運転車など、我々の生活空間の近いところにありながらこれまで携帯電話とは全く縁がなかった自動車、ロボット、機械などを接続し、遠隔操作、AIのサポートなどによる高機能化を通じて我々の生活を大きく変える起爆剤になる可能性を秘めているからです。

5Gで最も重要なことは、5Gに接続されるシステムの多くが、人に代わる機能を実現するものであるということです。5Gネットワークに接続されるのは、自動車、ロボット、機械などであり、人の作業を代替する機能を持ったものが多くあります。それらを5Gネットワー

クでつなぐと、遠隔で操作するといったことが可能になります。それにより、危険を伴う、例えば高所での作業や災害が発生している現場などの対応がやりやすく、かつ低コストで実現可能となり、そこにAIが加わると機械が人手を介さず、自律的に動作することも可能となります。このような5G＋AI＋人の動作機能を代替できる機械、という形態は、少子高齢化、労働人口の減少といった社会課題先進国である我が国にとっては、人が足りない部分を解決するための重要なソリューションになり得る大きな期待がもたれています。

国は、このような背景の下、ソサエティ5.0の実現や、5Gを活用した社会展開に対して様々な政策を打ち出し、少子高齢化、労働人口の減少という我が国の課題の解決を積極的に後押しし、さらに地方の活性化をも実現しようとしています。

　本書は、このような背景の下、5Gの活用によって新たに展開され得る、私たちの身近な場所に存在する様々なサービスとして、具体例にどのようなものがあるかを解説しています。具体的には、自動運転、医療・介護、製造業、流通、生活、エンターテインメントといった我々の身近な分野で、5Gが適用可能なものの具体例を数多く取り上げ、5G、AI、機械の融合で我々の未来社会がどのようになるかを、簡潔かつ明快に説明しています。これを読めば、5Gとはいかに広範囲な分野を解決できる技術であるかを、かなり理解していただけるのではないかと思います。

三瓶政一

3

次の10年を決める「ビジネス教養」が
ゼロからわかる！

5Gビジネス
見るだけノート
Contents

Chapter 1

次世代通信「5G」が
もたらすものとは？

Chapter 2

知っておきたい！
「5G」の基礎知識

Chapter 3

「5G」で未来はこうなる！
交通、物流 編

Chapter 4

「5G」で未来はこうなる！
医療・介護、
セキュリティ 編

Chapter 7
「5G」で未来はこうなる!
生活 編

Chapter 8
「5G」で未来はこうなる!
エンタメ 編

5G がもたらす未来

産業や医療、流通から生活、そして娯楽まで、5G は私たちを取り巻くあらゆる分野に大きな変革をもたらします。

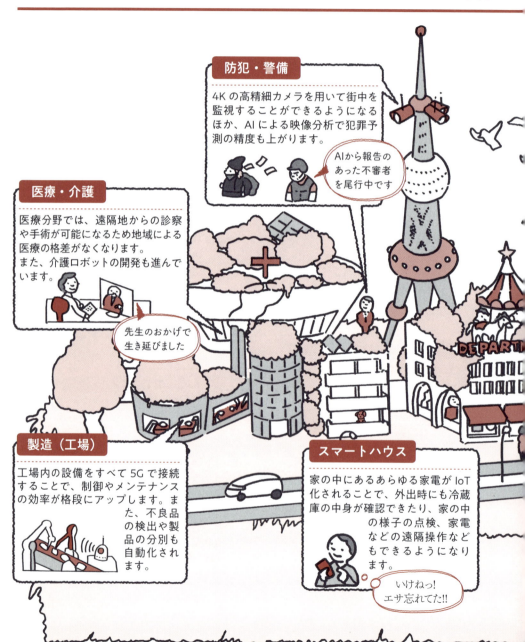

防犯・警備

4K の高精細カメラを用いて街中を監視することができるようになるほか、AI による映像分析で犯罪予測の精度も上がります。

AIから報告のあった不審者を尾行中です

医療・介護

医療分野では、遠隔地からの診察や手術が可能になるため地域による医療の格差がなくなります。
また、介護ロボットの開発も進んでいます。

先生のおかげで生き延びました

製造（工場）

工場内の設備をすべて 5G で接続することで、制御やメンテナンスの効率が格段にアップします。また、不良品の検出や製品の分別も自動化されます。

スマートハウス

家の中にあるあらゆる家電が IoT 化されることで、外出時にも冷蔵庫の中身が確認できたり、家の中の様子の点検、家電などの遠隔操作などもできるようになります。

いけねっ！
エサ忘れてた!!

流通（小売り）

電子決済が普及し、支払いの無人化が進みます。また、店舗管理のロボット化や、目の前の人にパーソナライズされた動画広告の配信も研究されています。

ゴアンナイシマス

ありがと

ドローン配送

ドローン配送はすでに実証実験が開始されています。また、UGV（地上配送車）（▶ p57）を用いた無人配送の実用化の研究も進んでいます。

おっ来た来た！

オフィス

ホログラム会議が現実化。多量のデータを瞬時に共有できるため、在宅でのリモートワークやVR会議も容易に。

No problem!

エンタメ

5Gを活用したVRライブやマルチアングル視聴が楽しめるように。また、遠隔地同士での対戦ゲームなどもほぼ遅延なく平等にプレイできるようになります。

これこれちょうど興味があったんだよ

自動運転

完全自動運転が実現すると、事故や渋滞も減ります（▶ p61「MaaS」参照）。また、移動中の車内では仕事や娯楽に時間を使うことができるようになります。

Chapter

1

5G business
mirudake note

次世代通信
「5G」が
もたらすものとは?

2020年春にサービスが
始まる次世代ネットワーク「5G」。
私たちの生活やビジネスに大きな利便性を
もたらすだけでなく、省エネルギー化など、
地球環境保全の観点からも期待されています。
世界中導入が進む「5G」の何がすごいのか、
まずはその特徴をひもといていきましょう。

01 そもそも5Gって何？

5Gの「5」は、携帯電話ネットワーク（移動通信システム）の
進化の過程を表す数字です。

「5G」とは、**第5世代（5th generation）**携帯電話システムの略称で、携帯電話ネットワークの技術が大きく変わった時期を「世代」として区切った際の5番目を意味します。現在、5Gの商用化においては、スマートフォンや映像配信の分野が先行しているため、それらに特化した技術と思っている人もいるかもしれません。しかし、実際にはあらゆる産業やサービス、そして私たちの生活に革新をもたらす最新技術であり、とくに**IoT（モノのインターネット）**（▶ p23）の普及において不可欠な技術として注目されています。

5Gがもたらすメリット

より迫力ある
スポーツ観戦やゲームの
プレイができます

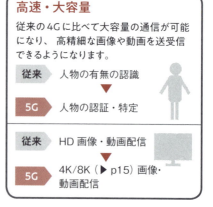

高速・大容量

従来の4Gに比べて大容量の通信が可能になり、高精細な画像や動画を送受信できるようになります。

従来	人物の有無の認識
5G	人物の認証・特定

従来	HD画像・動画配信
5G	4K/8K（▶ p15）画像・動画配信

現在、世界では人口増加や高齢化、都市への人口集中、格差拡大、環境破壊、水や食料の不足、交通渋滞など、さまざまな問題が起きています。こうした問題を解決し、持続可能な社会を実現するためにはIoTを使ってスマートな社会を構築する必要があります。その実現のために必須となるインフラ技術が「5G」なのです。「5G」の技術を利用することで、これまでPCやスマートフォンの領域でしか使用できなかった情報通信のネットワークを、職場や家庭などのあらゆる機器や家電、自動車などの交通網にまで広げることができるようになります。それらの情報を統合し、**AI（人工知能）**などの最新技術を用いることで効率の良いエネルギー管理を行うことができるようになり、最終的にはさまざまな環境問題や格差、犯罪なども減らすことができると考えられています。

低遅延

通信時の遅延が大幅に短縮され、リアルタイムに情報を受信・発信することができるようになります。

従来	自動車内での判断・制御が必要
▼	
5G	遠隔地からの周辺環境も含めた判断・制御が可能に

従来	通信の遅延のため遠隔手術は困難
▼	
5G	遠隔手術におけるリアルタイムでのロボット操作

自動運転や医療のほか、VRやAR（▶p111）の可能性も広がります

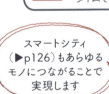

スマートシティ（▶p126）もあらゆるモノにつながることで実現します

多接続

4Gに比べ10倍以上の端末を同時に接続することが可能になり、社会のIoTがより進展します。

従来	4Gネットワークでは約10万台が限界
▼	
5G	人が密集する場所でも約100万台まで同時接続可能

02 5Gの何がすごいの？①
高速・大容量

移動通信システムはこの40年で大きく進化しましたが、5Gサービス開始後はさらなる進化を遂げます。

5Gの最大通信速度は、将来的には**20Gbps**（ビット／秒）になるといわれています。これは、現在国内で移動通信システムに使われている**4G（LTE）**（▶ p23）**の10倍以上**の速度です。現在、通信分野で一般に利用されている光ファイバーやLANケーブル、Wi-Fiなどよりも高速なため、将来的にはそれらをしのぐ設備になるともいわれています。この超高速通信が実現すると、データ量が多い4Kや8Kといった超高精細動画の通信や、IoTによる膨大なデータ通信もスムーズかつ快適に利用できるようになります。

「高速・大容量」で何が実現する？

📝 **移動通信システムにおける高速・大容量化が進むと、私たちの生活は劇的に変化します。**

AR／VR
AR（拡張現実）やVR（仮想現実）、MR（複合現実）など総称である「xR」（▶ p110）と呼ばれる技術は、大容量通信に加え、遅延が極めて少ない5Gに適したコンテンツといえます。

もはやどこまでが現実でどこからが仮想現実なのかわからないかも…

たとえば、5Gでは2時間の映画を3秒でダウンロードできるといわれています。このような大容量の通信が一般化すれば、スポーツやライブの中継、ゲームといったエンタテインメントコンテンツの取得や利用は劇的に進化します。また、膨大かつ高精細な映像情報は、多くの監視カメラやAIを用いたセキュリティ(警備システム)や医療、デジタル広告などさまざまな分野での活用が期待できます。ちなみに、現在、私たちが一般的に視聴しているフルハイビジョンは2Kと呼ばれるもので、画素数は約207万画素です。そして現在、衛星放送で試験的に実用放送されている4Kは、その約4倍の829万画素、8Kは約16倍の約3318万画素と聞けば、いかに高精細（大容量）な動画情報なのかがイメージできるのではないでしょうか？

今のプレイ、別の角度からもう一度見てみよう

4K ／ 8K ストリーミング
高速・大容量での4Kや8Kのストリーミングが実現した場合、ダウンロードの速さや高精細映像だけでなく、さまざまな角度から視聴できるマルチアングルなど多様な映像体験が可能になります。

防犯用の映像が高精細となることで、人物の特定や認証の精度も格段にアップします。

警備システム
防犯カメラなどで撮影した4Kや8Kの鮮明な画像を大量に蓄積し、それをAI（人工知能）などを用いて解析することで、不審者の動きを察知するなど、犯罪を未然に防ぐことも可能になるといわれています。

5Gの何がすごいの？②
低遅延

5Gの特長である低遅延は、自動運転や遠隔医療といった人命にかかわる分野に革新をもたらします。

最近、TVや新聞などで**自動運転**のニュースをよく見る、という人も多いのではないでしょうか？ この自動運転の技術に、5Gの特徴である**低遅延**は不可欠とされています。たとえば、自動運転の安全性を高めるためには、走行中の映像を管理センターへ送信し、コンピュータの遠隔制御によって自動車を運転することも必要になります。しかし、その過程で映像や制御データに遅延が発生すると、即座に交通事故につながってしまいます。しかし、5Gの「低遅延」を生かせば、これまで解決できなかった遅延による誤差を解消できるのです。

「低遅延」で何が実現する？

✎ 5Gの「低遅延」によって、使用者がタイムラグを意識することなく遠隔地の自動車やロボットを操作することができるようになります。

遠隔医療
たとえば緊急時には、病院にいる専門医が救急車やヘリコプターに乗った患者の手術を遠隔操作で行うこともできるようになります。

また、この「低遅延」は**遠隔医療**の分野にも大きな進歩をもたらすといわれています。たとえば、遠隔地で医師が手術を行う「遠隔手術」の研究はこれまでも行われてきましたが、通信時に発生する遅延が課題となっていました。しかし、5Gの特長の低遅延を生かすことで、遠隔地にいる執刀医がリアルタイムでロボットを操作することが可能になり、通信の遅延による判断や執刀のミスなどが大幅に減らせるのです。また、遠隔手術を行う医師が確認する映像も高精細になることで、より細やかな確認と判断ができるようになります。5Gは、従来の4Gに比べて**10分の1以下という超低遅延**を実現するといわれています。この技術を活用することで、自動運転や遠隔医療ばかりでなく、さまざまなビジネス分野に革新をもたらすことができるのです。

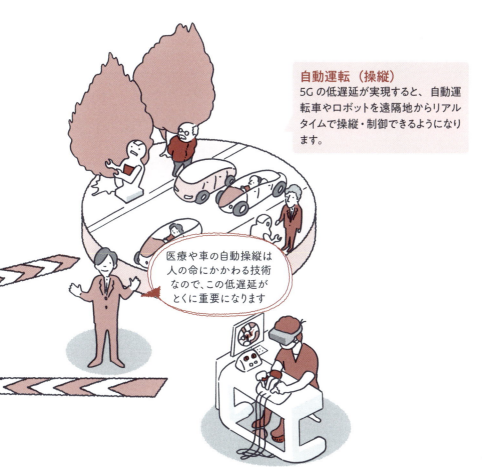

自動運転（操縦）
5Gの低遅延が実現すると、自動運転車やロボットを遠隔地からリアルタイムで操縦・制御できるようになります。

医療や車の自動操縦は人の命にかかわる技術なので、この低遅延がとくに重要になります

17

04 5Gの何がすごいの？③ 多接続

5Gの特長である「多接続」は、現在注目されているスマートシティに不可欠なものです。

5Gには、多くの端末を同時に接続できるという特長もあります。1つのセルラアクセスポイントには、4Gであっても非常に多数の端末が接続可能で、その台数は数台ではありません。5Gでは4Gと比較して数十倍の機器やセンサーを同時にネットに接続できるようになります。ビジネスにおいても、たとえば倉庫に保管された膨大な量の物品の位置や出入庫、中身の状態などが瞬時に把握できるようになります。また、災害時には大勢の被災者にウェアラブル端末を配って、健康状態を遠隔地から把握・管理することも可能となります。

人が多くてもストレスフリー!?

🖋 5Gではkm²あたり100万台の端末への多数同時接続が可能といわれています。そのため、人々で混雑する場所でもストレスなく動画コンテンツなどを楽しめるようになります。

従来の4Gでは、一つの基地局に多くの端末が同時にアクセスすると、接続できなくなる場合がありました。しかし、5Gでの端末のアクセス可能台数は**4Gの100倍**になるといわれています。この5Gの「多接続」という特徴は、スタジアムや劇場、ライブやゲームの会場といったエンタテインメント分野における新たなメディア体験やプロモーションなどでの活用も期待されています。また、「多接続」は近年話題となっている**スマートシティ**（▶ p126）の実現のためにも不可欠なものです。スマートシティでは、人とモノをはじめとして、街全体が大規模に接続されたプラットフォームとして機能します。それによって、街全体の安全やインフラの維持と拡充、低コスト化や省エネ化などがもたらされます。また、このシステムを世界中に広げることで、最終的には環境汚染や温暖化などのない持続可能な社会の実現が期待されています。

「多接続」で何が実現する？

☑ 多接続が実現することで、PCやスマートフォンばかりでなく、身のまわりのあらゆる機器をネットに接続することができるようになります。

防犯カメラ

膨大な数の端末やセンサーがネットに接続され、あらゆる通信の利便性と速度、安全性が増します。

PCやスマートフォン

スマートメーター

オフィス

倉庫

多接続によるIoT化で、スマート倉庫やスマートオフィスなどのサービスがさらに発展します。

05 5Gで何が変わるの？

5Gサービスは、私たちの仕事や生活ばかりでなく、社会や地球を変えるかもしれません。

これまで解説してきたとおり、5Gで変わるのはPCやスマートフォンといった端末の通信速度やデータ容量だけではありません。これからますます通信インフラの重要性が高まっていくなかで、未来の暮らしを支える次世代通信システムが「5G」なのです。現在、アメリカや韓国ではすでに5Gサービスが始まっており、日本でのサービス開始は2020年の春が予定されています。しかし、5Gサービスが始まっても、最初からこれまで紹介してきたようなサービスがすべて享受できるわけではありません。

5G開発の「これまで」と「これから」

◪ プレサービスが実施されたラグビーワールドカップを皮切りに、2020年以降、一般向けの商用5Gサービスは徐々に拡充されていきます。

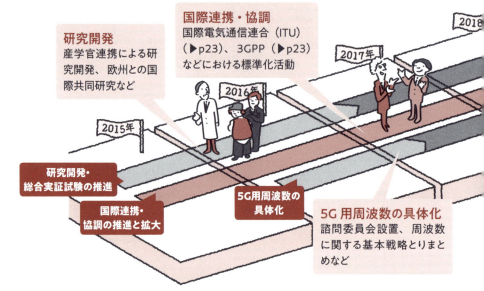

研究開発
産学官連携による研究開発、欧州との国際共同研究など

国際連携・協調
国際電気通信連合（ITU）（▶p23）、3GPP（▶p23）などにおける標準化活動

2018

2017年

2016年

2015年

研究開発・総合実証試験の推進

国際連携・協調の推進と拡大

5G用周波数の具体化

5G用周波数の具体化
諮問委員会設置、周波数に関する基本戦略とりまとめなど

2019年、日本代表の活躍で日本中を沸かせたラグビーワールドカップでは、5Gのプレサービス端末を用いたマルチアングル視聴を行い話題となりました。しかし、このような5Gサービスを楽しめる環境が十分に整うまでには、まだしばらく時間がかかりそうです。5Gサービスは従来の4Gの基盤を生かした形で徐々に進行するため、2020年春のサービス開始当初から、5G本来の性能をすべて発揮できるわけではないからです。また、サービス開始当初は主に都市部での展開が優先されることが予想され、全国をカバーし、完全に5Gに対応した**5G NR（New Radio）**（▶ p23）に移行するのは2022年以降になる予定です。5Gサービスについては、コストの問題や「誰がインフラ整備の費用を負担するのか」といった課題がまだ多いというのが現状です。しかし、多くの専門家は5Gの未来予測として、4Gが急速に日本中に広まったのよりも速いスピードで普及し、より多くの変革をもたらすと考えています。

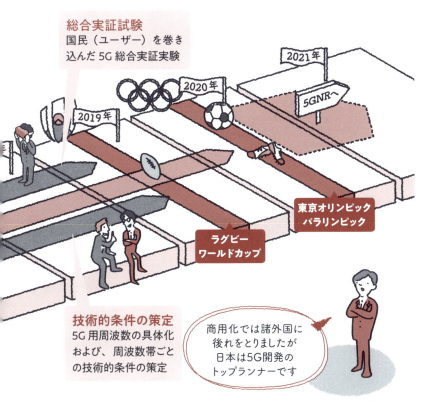

総合実証試験
国民（ユーザー）を巻き込んだ5G総合実証実験

2019年

2020年

2021年

5GNRへ

**東京オリンピック
パラリンピック**

**ラグビー
ワールドカップ**

技術的条件の策定
5G用周波数の具体化および、周波数帯ごとの技術的条件の策定

商用化では諸外国に後れをとりましたが日本は5G開発のトップランナーです

出所：総務省「5G実現に向けたロードマップ」

5G の経済効果は
どのくらい?

　総務省は「電波政策 2020 懇談会」の参考資料のなかで、農林水産業や交通、製造業など 10 種類の産業別に 5G の経済効果を試算し、日本国内における経済効果を約 46.8 兆円と予測しました。これは、これまでの移動通信システムと比べても、とりわけ大きな経済効果といえます。

　なぜ、5G の経済効果がここまで評価されているのでしょうか? それは、その応用範囲が従来の通信技術に比べて格段に広いためです。これまでの 1G 〜 4G では、その範囲は通信分野にとどまりました。しかし、5G は通信のみならず、多くの産業・生活分野への応用が可能となるため、経済効果も大きく見積もられているのです。

🚗 交通・移動・物流	21.0 兆円	✏️ 教育関連	3230 億円
🏭 工場・製造・オフィス	13.4 兆円	🌉 予防保全の実施による橋梁更新費用の低減	2700 億円
🩺 医療・健康・介護	5.5 兆円	🔭 観光関連	2523 億円
🏠 流通関連	3.5 兆円	⚽ スポーツ・フィットネス	2373 億円
🏠 スマートホーム	1.9 兆円		
🍎 農林水産	4268 億円		

出所:総務省「電波政策 2020 懇談会」資料

☑ KEY WORD
IoT （P.12）

「Internet of Things（モノのインターネット）」の略。建物や家電、自動車など、PCやスマートフォンといった通信機器以外のさまざまなモノがインターネットに接続され、情報のやり取りや自動制御、遠隔操作などができるようになる技術の総称。IoTという言葉自体は、1999年にイギリスの技術者で無線IDタグの専門家として知られるケビン・アシュトンが初めて使ったとされる。

☑ KEY WORD
LTE （P.14）

「Long Term Evolution」の略。携帯電話のデータ通信方式の一つで、「3.9G」と同義。3Gより高速な通信が可能で、多くのデータを一度に送受信できるのが特徴。国際電気通信連合（ITU）がLTEを「4G」と呼ぶことを認可したため、厳密には異なるが、LTEを4Gと呼ぶことも多い。LTEのデータ受信速度は最大150Mbpsだが、携帯電話会社によって周波数が異なり、とくに電波が低く通信がつながりやすい700MHzから900MHzの周波数帯をプラチナバンドと呼ぶ。

☑ KEY WORD
5G NR （P.21）

NRは「New Radio」の略称で、「新しい無線」の意。5Gネットワークにおける無線接続の世界標準となる技術で、「5G」とほぼ同義だが、主にLTEと後方互換性のない純粋な5Gを指して用いる。既存のLTEを通信制御のために併用するNSA（ノンスタンドアローン）方式と、SA（スタンドアローン）方式の2方式があり、「4G LTE」を「LTE」とのみ呼ぶのと同様に、「5G NR」は「NR」とも呼称される。

☑ KEY WORD
国際電気通信連合（ITU） （P.20）

スイス・ジュネーブに本部を置く、電気通信の利用にかかわる国際標準の策定を目的とする国連専門機関。ITUは「International Telecommunication Union」の略。ITU-R（無線通信部門）、ITU-T（電気通信標準化部門）、ITU-D（電気通信開発部門）などの部門からなり、電波の国際的な分配や調整、電気通信の世界的な標準化、開発途上国に対する技術援助の促進などの活動を行っている。

☑ KEY WORD
3GPP （P.20）

「3rd Generation Partnership Project」の略。「2G」までは国や地域によって携帯電話の通信方式がバラバラだったため、「3G」の導入に際し、標準仕様の策定のため各国の通信・ネットワーク事業者によって結成された業界団体。3Gの標準仕様の策定の後も、「4G」「5G」といった移動通信システムの標準化を継続して行っている。

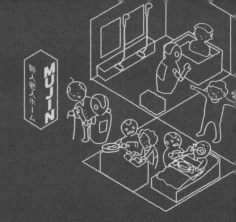

Chapter

2

5G business
mirudake note

知っておきたい!
「5G」の基礎知識

日本における最初の
移動通信システムの登場は 1979 年。
それから約 40 年の間、 携帯電話は
約 10 年周期で進化を遂げてきました。
この章では、 それら移動通信システムの進化の歴史と、
5G 開発の現状、 そして5G がもたらす
未来についてひもといていきましょう。

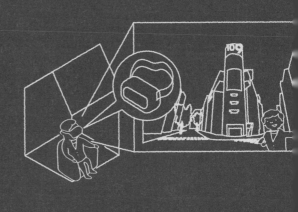

01 移動通信システムの変遷

5Gの基本を学ぶ前に、まずは5G以前の「1G」から「4G」にいたる歴史を振り返ってみましょう。

5Gが「第5世代携帯電話システム」の略称であることは第1章で解説しました。それでは、これまで1Gから5Gへと、どのように進化してきたのかを見てみましょう。まず、日本でアナログ方式の携帯電話サービスが始まったのは1979年のことでした。これが **1G**（第1世代）です。その後、1993年にデジタル方式を採用した **2G**（第2世代）のサービスが開始。これにより、携帯電話は音声だけでなくメールなどのデータ通信も可能となりました。NTTドコモの「iモード」やj-phoneの「写メール」は、この2G時代に普及したサービスです。また、90年代半ばに急激に普及したPHSも2Gに分類されます。

1Gから5Gへの進化

第1世代（1980年代）

音声のみ（アナログ方式）
・1997年　日本電信電話公社（現・NTT）が移動通信サービスを開始
・1987年　NTTが携帯電話サービスを開始

第2世代（1990年代）

パケット通信（デジタル方式）
・1993年　「デジタル・ムーバ」サービス開始
・1999年　「iモード」サービス開始
・2000年　「写メール」サービス開始

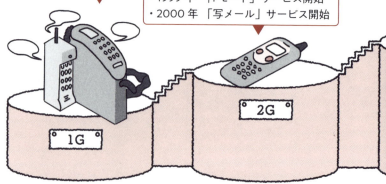

そして 2001 年、「IMT-2000」という **3G**（第 3 世代）の携帯電話サービスが登場。これにより通信は高速・大容量化し、ワンセグによるテレビ視聴や音声サービスが当たり前になりました。当時、NTT ドコモがサービスを開始した「FOMA」は、従来の携帯電話の約 4 倍の通信速度を誇りました。その後、通信の高速化と低コスト化は進み、**3.5G**、そして **3.9G**（LTE）（▶ p45）が登場。続く 4G は、国際電気通信連合（ITU）が承認した LTE-Advanced と WiMAX2（▶ p45）を指します。2012 年に開始された **4G** サービスはまたたくまに普及。現在のスマートフォンはほぼこの 4G（第 4 世代）で、動画やモバイルゲームなど大容量コンテンツの携帯配信が一般化しました。そして、4G に続く次世代の移動通信システムが 5G です。

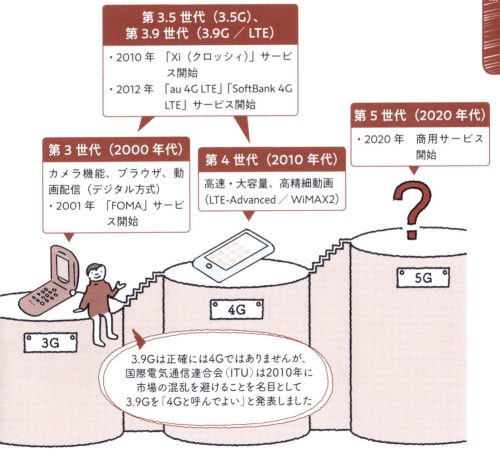

第 3.5 世代（3.5G）、第 3.9 世代（3.9G ／ LTE）
・2010 年　「Xi（クロッシィ）」サービス開始
・2012 年　「au 4G LTE」「SoftBank 4G LTE」サービス開始

第 5 世代（2020 年代）
・2020 年　商用サービス開始

第 3 世代（2000 年代）
カメラ機能、ブラウザ、動画配信（デジタル方式）
・2001 年　「FOMA」サービス開始

第 4 世代（2010 年代）
高速・大容量、高精細動画（LTE-Advanced ／ WiMAX2）

3.9Gは正確には4Gではありませんが、国際電気通信連合会（ITU）は2010年に市場の混乱を避けることを名目として3.9Gを「4Gと呼んでよい」と発表しました

02 4Gと5Gの違い

2020 年、突然 5G に切り替わるわけではありません。4G から 5G へと徐々に移行していくことになるでしょう。

それでは、4G と 5G では、どのように異なるのかを細かく見ていきましょう。まず、5G の最大伝送速度は下り 20Gbps（ビット／秒）、上り 10Gbps と、4G に比べて**理論値で 100 倍**上まわります（あくまでも理論値のため、サービス開始当初は 10 ～ 20 倍程度とも）。そのため、5G では動画など容量の大きいデータの読み込みが 4G よりも格段に速くなり、動画投稿やダウンロード、遠隔地とのオンライン会議、VR などを使ったコミュニケーションやインタラクティブゲームなどもスムーズに行うことができるようになるでしょう。

4G と 5G の比較

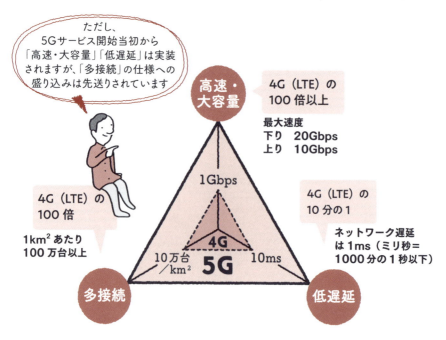

ただし、5Gサービス開始当初から「高速・大容量」「低遅延」は実装されますが、「多接続」の仕様への盛り込みは先送りされています

高速・大容量

4G（LTE）の100 倍以上

最大速度
下り　20Gbps
上り　10Gbps

4G（LTE）の100 倍

1km² あたり100 万台以上

1Gbps

4G

5G

10 万台／km²

10ms

4G（LTE）の10 分の 1

ネットワーク遅延は 1ms（ミリ秒＝1000 分の 1 秒以下）

多接続

低遅延

2020年ごろの5G導入当初は、多くの国で、コストを抑えつつスムーズに5G導入を実現するため、5G用のNR基地局と4G用のLTE基地局を併用する**NSA（ノンスタンドアローン）方式**が採用されます。そのため、サービス開始当初は都市部や人々が集まる施設などの一定のエリアでは5Gを利用できるものの、移動してそのエリアから離れると4Gに切り替わるという状況が予想されます。しかし、普及期には**SA（スタンドアローン）方式**のNR基地局の増設が進み、2022年を目標として地方や過疎地までカバーしていくことになります。ただし、4Gの技術的完成度は高く、5G導入も4Gのシステムと連携する形で進むため、5Gサービス開始後、4Gがすぐになくなるわけではなく、しばらくは並行することになります。

NSA と SA とは？

■ 5Gサービス開始時には、ユーザーデータをやりとりする通信路と制御信号の通信路を、同じ端末から別々の基地局に対して接続するNSA方式が採用されました。

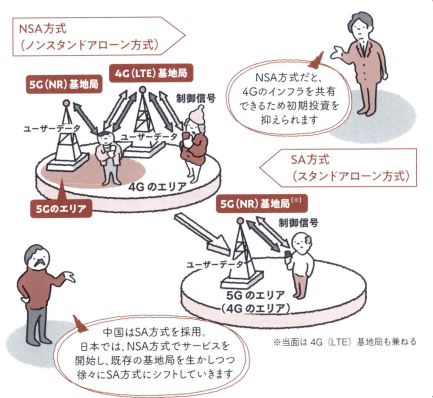

NSA方式
（ノンスタンドアローン方式）

5G（NR）基地局　4G（LTE）基地局

制御信号

ユーザーデータ　ユーザーデータ

4Gのエリア

5Gのエリア

NSA方式だと、4Gのインフラを共有できるため初期投資を抑えられます

SA方式
（スタンドアローン方式）

5G（NR）基地局（※）

制御信号

ユーザーデータ

5Gのエリア
（4Gのエリア）

中国はSA方式を採用。日本では、NSA方式でサービスを開始し、既存の基地局を生かしつつ徐々にSA方式にシフトしていきます

※当面は4G（LTE）基地局も兼ねる

03 なぜ通信速度が速くなるの？①

5Gの通信速度がなぜ4Gよりも高速化するのか、その秘密をひもといていきましょう。

ここで、5Gの通信速度が速くなる仕組みを説明しましょう。まず、高速・大容量化のためには、データの伝送に使われる周波数の幅（**周波数帯域幅**）を広げる必要があります。しかし、移動通信システムに適しているとされる700〜900MHzの周波数帯（プラチナバンド）は、すでに総務省によってそれぞれのサービスごとに割り振られているため、十分な帯域幅を取ることができません。そこで5Gでは、まだ空きの多い<u>ミリ波</u>と呼ばれる**高周波数帯**を活用することになりました。

周波数と電波伝搬の関係

📝 低周波の電波は遠くまで飛びますが、情報量は少なくなります。一方、高周波の電波は遠くまで飛びませんが、多くの情報を伝えることができます。

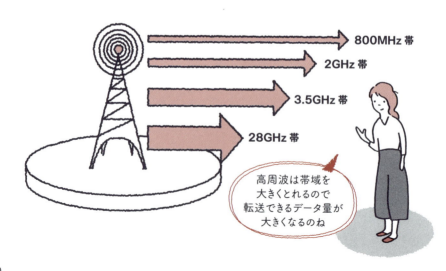

800MHz 帯

2GHz 帯

3.5GHz 帯

28GHz 帯

高周波は帯域を大きくとれるので転送できるデータ量が大きくなるのね

5Gでは、4Gで使われてきた3.6GHz（ギガヘルツ）以下の周波数帯に加え、これまで移動通信に用いられてこなかった3.6GHz〜6GHz、28GHzといった高周波数帯の利用が検討されています。これにより、4Gでは15kHz幅で固定となっていた**サブキャリア**の間隔を広げることが可能となり、サブキャリア1個で送信できるデータ量を増やすことができるようになったのです。従来、波長の短い高周波は曲がりにくいため建物や樹木といった遮蔽物の影響を受けやすく、長い距離を飛ばすことは難しいとされてきました。また、減衰しやすい高周波の電波を遠くまで飛ばすためアンテナ出力を上げると、電磁波が健康に害を及ぼすという問題もありました。それら高周波数帯の欠点を解決するために採用された技術が**ビームフォーミング**（▶ p32）です。

5Gの高速・大容量化のしくみ

▨ 5Gサービス開始時には、ユーザーデータをやりとりする通信路と制御信号の通信路を、同じ端末から別々の基地局に対して接続するNSA方式が採用されました。

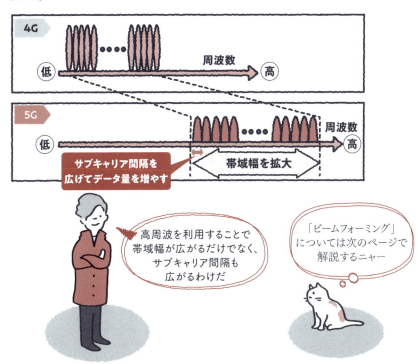

04 なぜ通信速度が 速くなるの？②

5Gの高速化は高周波数帯だけでなく、以下のようなさまざまな技術によって可能になりました。

5G 実現のために不可欠な技術が**ビームフォーミング**です。たとえば、これまでのようにアンテナから電波を同心円状に（無指向性で）発信すると、距離が遠くなるほど電波の強さは弱くなります。しかし、同じ送信出力の電波を楕円形にして特定の方向に発信すると、距離に対する受信電波の弱まり方は制御され、遠くまで届くようになります。5G では、**Massive MIMO**（マッシブ マイモ）という非常に多数のアンテナ素子を使ってデータの送受信を行う無線通信技術を使用することで、高度なビームフォーミングを実現しました。

ビームフォーミングとは？

同心円状に電波を発信するため、円の外側に行くほど電波が弱くなる。

複数の電波を特定方向のユーザーに向けることで電波の利用効率が上がる。

5G 導入に際して注目されている技術の一つが、ネットワークを仮想的に分割し、それぞれの用途にあった形で混雑なくサービスを提供する**ネットワークスライシング**です。従来は一つのネットワークにすべてのサービスを収容していましたが、ネットワークスライシングでは、帯域中のある部分は低遅延、ある部分は大容量などと、求められるサービスに応じて最適なネットワークリソース配分が行われます。また、端末の近くにサーバーを分散配置する**エッジコンピューティング**も、5G を支える技術として注目されています。従来は、ネットワーク上で処理されたデータをクラウドなどに送信して利用するのが一般的でしたが、データをクラウドではなく、現場（エッジ）に分散させてデータの蓄積や解析を行うことでデータ処理の遅延を防ぐという技術です。

●ネットワークスライシングのイメージ

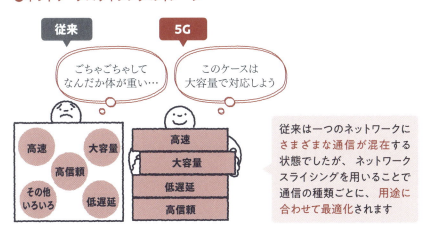

従来 5G

ごちゃごちゃしてなんだか体が重い…

このケースは大容量で対応しよう

高速	大容量
高信頼	
その他いろいろ	低遅延

高速
大容量
低遅延
高信頼

従来は一つのネットワークにさまざまな通信が混在する状態でしたが、ネットワークスライシングを用いることで通信の種類ごとに、用途に合わせて最適化されます

●エッジコンピューティングのイメージ

従来はインターネットの先のクラウドサーバで情報の処理を行っていましたが、5G ではエッジサーバを分散配置することによりすばやいレスポンスが可能になります

従来 5G

クラウド インターネット ネットワーク

クラウド インターネット

33

05 5G時代の通信業は「B2B2X」へ

「B2B2X」は、5G 時代を象徴する通信事業者のビジネスモデルといえます。

これまで、通信事業者のビジネスは B2X(Business to X)が主流でした。「X」とは、企業（Business）・個人（Customer）などを問わないエンドユーザー全般を指します。しかし、5G 時代の通信事業者にとっては、ビジネスパートナーを介してサービスを提供する **B2B2X**（Business to Business to X）のビジネスモデルが重要になるといわれています。なぜなら、5G 環境ではあらゆる分野や場所にネットワークが存在するため、それらと直接つながる事業者を顧客とすることで、あらゆる現場やエンドユーザーにリーチすることができるようになるからです。

B2B2X とは？

◿ 5G 時代の通信事業者のビジネスモデルは、以下のような B2B2X 型が基本となると考えられています。

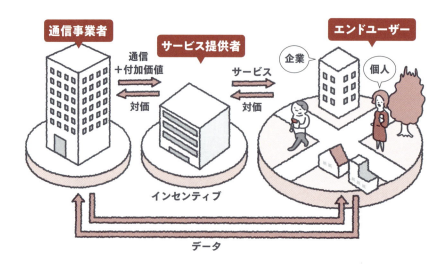

その典型例とされるのが、NTT東日本が開拓した医療機器メーカーの事例です。同社は、各地の病院や診療所で必要とされる通信関連設備とその設定導入支援を一括受注することで、医療機器メーカーの先にいる病院などのエンドユーザーへのリーチに成功しました。このように、5G時代には通信事業者（B）が、サービス提供者（B）に新たなサービスを提供することで、通信事業者はそれをあらゆるエンドユーザー（X）に届けられます。また、通信事業者はネットワークで得た情報を用いてサービス提供者に新たな提案を行うなど、さまざまな分野でのサポートが可能となるのです。さらに、それらのサービスやサポートは通信事業者やサービス提供者の利益や、エンドユーザーへの付加価値や利便性、選択肢といったものばかりでなく、社会的課題の解決にも結びつきます。

NTTグループが掲げる「B2B2Xモデル」

■ 日本を代表する通信事業者のひとつ「NTTグループ」は、B2B2Xモデルをとおした以下の価値創出（例）を掲げています。

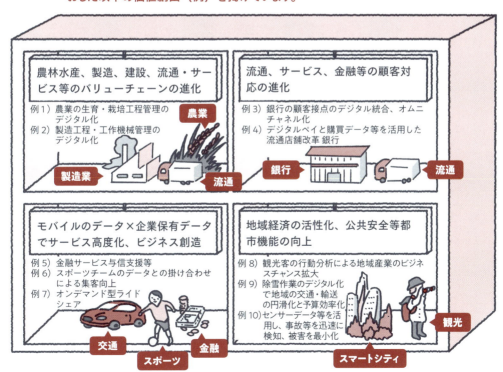

農林水産、製造、建設、流通・サービス等のバリューチェーンの進化

例1）農業の生育・栽培工程管理のデジタル化
例2）製造工程・工作機械管理のデジタル化

農業
製造業
流通

流通、サービス、金融等の顧客対応の進化

例3）銀行の顧客接点のデジタル統合、オムニチャネル化
例4）デジタルペイと購買データ等を活用した流通店舗改革 銀行

銀行
流通

モバイルのデータ×企業保有データでサービス高度化、ビジネス創造

例5）金融サービス与信支援等
例6）スポーツチームのデータとの掛け合わせによる集客向上
例7）オンデマンド型ライドシェア

交通
スポーツ
金融

地域経済の活性化、公共安全等都市機能の向上

例8）観光客の行動分析による地域産業のビジネスチャンス拡大
例9）除雪作業のデジタル化で地域の交通・輸送の円滑化と予算効率化
例10）センサーデータ等を活用し、事故等を迅速に検知、被害を最小化

観光
スマートシティ

06 5Gの現状と国際競争

日本での商用化は 2020 年以降ですが、現在、世界中の国々で 5G の商用化や研究開発が進んでいます。

日本での 5G 商用化は 2020 年以降のため、まだ未来のサービスという印象がありますが、世界には、すでに 5G の商用化を開始している国もあります。先陣を切ったのはアメリカで、当初はいずれもスマートフォン向けのサービスではなかったものの、2018 年 10 月に通信最大手のベライゾンが、同年 12 月に No.2 の AT ＆ T が商用サービスを開始しました。なお、ベライゾンは 2019 年 4 月にスマートフォン向けのサービスも開始しています。また、韓国では 2019 年 4 月に、3 大通信事業者（SK テレコム、KT、LGU ＋）が同時にスマートフォン向け 5G サービスを開始しました。

世界の5G研究開発・商用化の進展

出所：マルチメディア振興センター　2019 年度情報通信月間後援会（第 30 回）資料「どう描く - ICT の未来予想図　5G の海外最新動向」（2019 年 5 月 17 日）

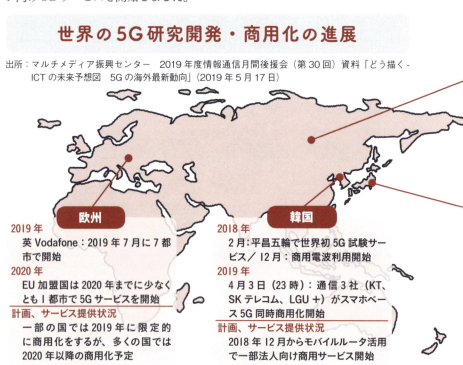

欧州

2019 年
英 Vodafone：2019 年 7 月に 7 都市で開始
2020 年
EU 加盟国は 2020 年までに少なくとも 1 都市で 5G サービスを開始
計画、サービス提供状況
一部の国では 2019 年に限定的に商用化をするが、多くの国では 2020 年以降の商用化予定

韓国

2018 年
2 月：平昌五輪で世界初 5G 試験サービス／ 12 月：商用電波利用開始
2019 年
4 月 3 日（23 時）：通信 3 社（KT、SK テレコム、LGU ＋）がスマホベース 5G 同時商用化開始
計画、サービス提供状況
2018 年 12 月からモバイルルータ活用で一部法人向け商用サービス開始

中国では、2019年11月に中国電信（チャイナ・テレコム）、中国移動（チャイナ・モバイル）、中国聯通（チャイナ・ユニコム）が共同で5G商用サービスを開始。また、ヨーロッパでもスイスで2019年4月に5Gネットワークが国内最大の電気通信事業者スイスコム経由で開始されたほか、イギリスの最大手EEが2019年5月に国内で初めて5Gサービスを開始、スペインでは2019年6月にボーダフォン・スペインによって5Gサービスの提供が始まっています。そのほかにも、中東やオセアニア、東南アジアやアフリカといった地域でも5Gの実証実験や導入が公表されており、2020年には日本を含めた多くの国々で商用サービスがスタートする予定です。ちなみに、スウェーデンの通信機器メーカー・エリクソン社の推計によると、2024年までに5Gの加入者は**19億人**に達する可能性があるといいます。

中国

2018年
年内に中国移動 が17都市、中国聯通が北京に基地局構築で試験環境整備
2019年
仮商用
2020年
中国移動：商用化製品の普及を図る／中国電信：重点都市で大規模商用／中国聯通：商用化

計画、サービス提供状況
華為技術（Huawei）、2019年半ばに折り畳み式5Gスマホ発売計画／中興通訊（ZTE）、2019年上半期に欧州と中国市場で発売（Axon 10 Pro）計画

アメリカ

2018年
10月：ベライゾンが固定5G（独自規格）開始／12月：AT＆Tがモバイル5G（ホットスポット）開始
2019年
4月3日：ベライゾンがモバイル5G（スマホ）開始／5月31日：スプリントがモバイル5G開始／T-Mobileがモバイル5G開始予定

計画、サービス提供状況
4大キャリアは2019年中にモバイル5Gを開始／5G moto mod（2019年4月）、LG V50 ThinQ（2019年5月予定）、Samsung Galaxy S10 5G（2019年5月16日）等が投入

日本

2019年
9月：ドコモがラグビーワールドカップでプレサービス
2020年
東京五輪までに商用化計画
計画、サービス提供状況
2019年4月10日に5G周波数割当（3.7GHz／4.5GHz／28GHz帯）。2019年夏以降にキャリア3社がプレサービス計画

日本の 5G 開発の 現状と未来予想図

07

2020 年の 5G 商用化に向けて、日本では通信キャリア 4 社に周波数割り当てが行われました。

2019 年 4 月 10 日、総務省は 5G 商用通信サービスの実現に向けて、NTT ドコモ、KDDI（au）、ソフトバンク、楽天モバイルの**通信キャリア**（▶ p45）4 社への周波数割り当てを発表しました。合計 10 枠のうち、NTT ドコモと KDDI にそれぞれ 3 枠、ソフトバンクと楽天モバイルにそれぞれ 2 枠が割り当てられ、4 社とも 2020 年内にサービスを開始する予定です。ちなみに、日本は商用化ではアメリカや韓国、中国などに後れをとっていますが、5G 活用の研究開発では、世界のトップクラスと言われています。

国内 4 社の 5G 展開

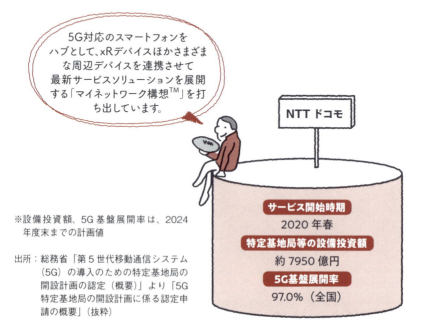

5G 対応のスマートフォンをハブとして、xR デバイスほかさまざまな周辺デバイスを連携させて最新サービスソリューションを展開する「マイネットワーク構想™」を打ち出しています。

NTT ドコモ

サービス開始時期
2020 年春
特定基地局等の設備投資額
約 7950 億円
5G基盤展開率
97.0 %（全国）

※設備投資額、5G 基盤展開率は、2024年度末までの計画値

出所：総務省「第 5 世代移動通信システム（5G）の導入のための特定基地局の開設計画の認定（概要）」より「5G特定基地局の開設計画に係る認定申請の概要」（抜粋）

NTTドコモは、サービス開始時期を2020年春としており、各社に先駆けて2019年のラグビーワールドカップでプレサービスを実施しました。KDDIのサービス開始時期は2020年3月で、VRを用いた観光サービスの実証実験を行うなど、地方創生にも力を入れていく方針です。ソフトバンクは2020年3月頃のサービス開始を予定。高速道路や建設現場などの法人向けソリューションの実証実験にも力を注いでいます。そして、2019年に移動通信サービスに参入した後発の楽天モバイルは、サービス開始時期を2020年6月頃としています。同社は、世界初の技術である「完全仮想化ネットワーク」（▶p45）を導入すると発表し話題となりました。各社の傾向としては、NTTドコモとKDDIは産業用途の研究開発にも力を入れ、ソフトバンクと楽天モバイルは、まずはエンドユーザー向けのサービスが先行するものと思われます。

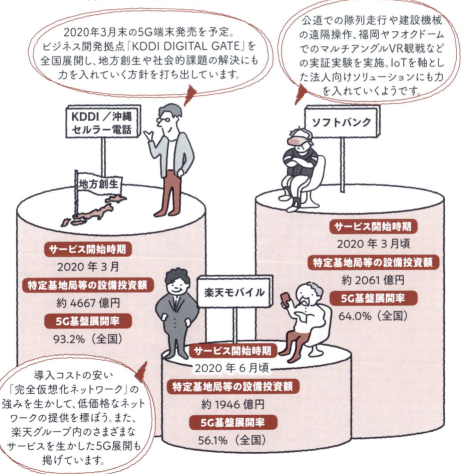

2020年3月末の5G端末発売を予定。ビジネス開発拠点「KDDI DIGITAL GATE」を全国展開し、地方創生や社会的課題の解決にも力を入れていく方針を打ち出しています。

公道での隊列走行や建設機械の遠隔操作、福岡ヤフオクドームでのマルチアングルVR観戦などの実証実験を実施。IoTを軸とした法人向けソリューションにも力を入れていくようです。

KDDI／沖縄セルラー電話

ソフトバンク

地方創生

サービス開始時期
2020年3月頃
特定基地局等の設備投資額
約2061億円
5G基盤展開率
64.0%（全国）

サービス開始時期
2020年3月
特定基地局等の設備投資額
約4667億円
5G基盤展開率
93.2%（全国）

楽天モバイル

サービス開始時期
2020年6月頃
特定基地局等の設備投資額
約1946億円
5G基盤展開率
56.1%（全国）

導入コストの安い「完全仮想化ネットワーク」の強みを生かして、低価格なネットワークの提供を標ぼう。また、楽天グループ内のさまざまなサービスを生かした5G展開も掲げています。

08 「ローカル5G」って何？

通信キャリアによる 5G サービスがない地域でも、「ローカル5G」を活用することができます。

5G のサービス開始当初は都市部や比較的人口の多いところからサービスが開始され、需要の少ない場所や屋内環境まで展開するには数年を要することが予想されています。しかし、5G の展開が遅くなると予想される場所でも自治体や企業が自ら無線局の免許を取得し、敷地内や建物、工事現場、農地など限定されたエリア内に自前で 5G のネットワークを構築すれば、5G サービスの展開は可能となります。こうしたエリアを限定した 5G のネットワークを「**ローカル5G**」と言います。現在、富士通や NEC、村田製作所などの企業が、工場や倉庫などでの活用を想定したローカル 5G のサービスを開発しています。

ローカル5Gの活用が期待される分野

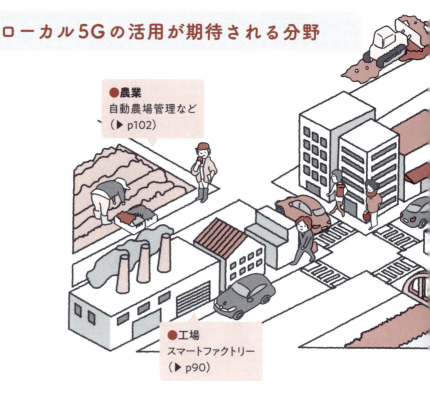

●農業
自動農場管理など
（▶ p102）

●工場
スマートファクトリー
（▶ p90）

ローカル5Gは、NTTドコモなどの通信キャリアには免許取得が認められていません。その背景には、キャリアはまず5Gの全国展開を優先すべきであることや、多くの企業を5G市場に導いて活性化させたいという総務省の意図があるようです。ローカル5Gには、条件さえ合えば通信キャリアが提供する5Gよりも簡単にシステム構築ができるうえ、データ漏洩のリスクや通信障害などが低減できるなど、多くのメリットがあります。また、こうした産業分野だけでなく、スポーツやライブなどが行われるスタジアムやホールといった施設でのマルチアングル観戦、ARやVRを駆使した演出などのエンタテインメント分野でもローカル5Gの活用が期待されています。5Gの普及期においては通信キャリアによるサービスより、むしろこうしたローカル5Gほうが、5G本来の強みが発揮できるともいわれています。

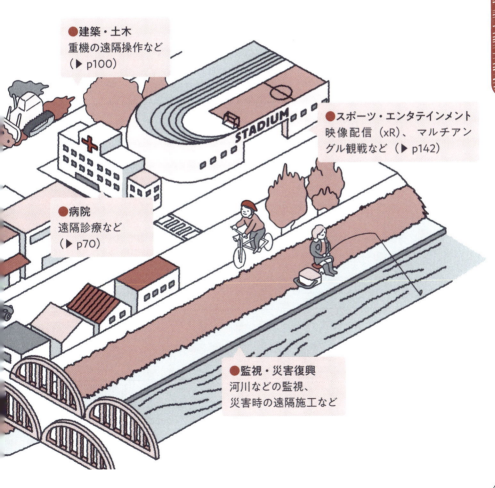

●建築・土木
重機の遠隔操作など
（▶ p100）

●スポーツ・エンタテインメント
映像配信（xR）、マルチアングル観戦など（▶ p142）

●病院
遠隔診療など
（▶ p70）

●監視・災害復興
河川などの監視、
災害時の遠隔施工など

5Gとビジネス革命

3G から 4G への移行期、多くのビジネスチャンスが生まれました。5G への移行は、それ以上のチャンスをもたらすでしょう。

現在、多くの人は 4G 回線を利用してスマホや PC を操作しています。4G でもウェブサイトや SNS の利用に困ることはありませんし、動画コンテンツも問題なく楽しめるので、何も困らないと思う人も多いかもしれません。しかし、5G になればより高いクオリティーの動画やゲームの配信などが可能となり、そうなるとデータ容量も自然と増加します。ちなみに、アメリカの IT 大手シスコ（Cisco）によると世界のデータ流通量は年々増加しており、1984 年の毎月 17GB（ギガバイト）から、2017 年には 1217 億 GB に増加。さらに 2021 年には 278EB（エクサバイト）（▶ p45）まで増加すると予測されています。

インダストリー 4.0 の時代

IoTやAIを導入してあらゆるものがネットワークを通じて結びつき、産業が高度化していく現在の状況は第4次産業革命（インダストリー4.0）とも呼ばれています。

第 1 次産業革命

18 ～ 19 世紀初頭
蒸気機関や紡績機など軽工業の機械化

INDUSTRY 1.0
動力の獲得

今後は世界中でIoT化が進み、家電や交通機関から、自動運転やVRなどの仮想現実に至るまで、私たちを取り巻く環境のほとんどがインターネットと接続している状態になるでしょう。変化するのは私たちの生活だけではありません。5Gを活用したスマートハウス（▶p128）やスマートファクトリー（▶p90）、さらにはMaaS（▶p60）やスマートシティ（▶p126）などのシステム開発や導入の段階では、各業界を巻き込んだ多くの**ビジネスチャンス**が生まれることになるでしょう。また、5Gがもたらす効果は生活やその基盤となるシステムだけでなく、マーケティングや広告、エンタテインメント、観光、教育、医療、農業など、あらゆるジャンルに革新をもたらすことになります。今後、5Gがどのように社会やビジネスを変えるのか、その可能性は無限大と言っても過言ではないでしょう。

第1次産業革命から第4次産業革命へ

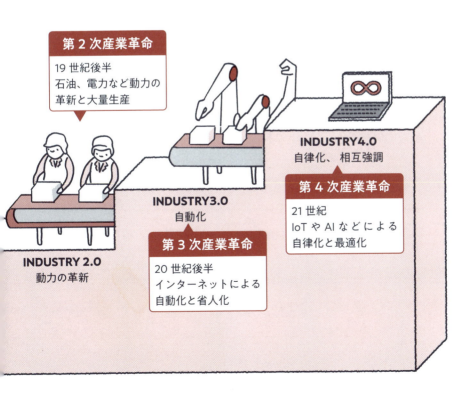

第2次産業革命
19世紀後半
石油、電力など動力の
革新と大量生産

INDUSTRY 2.0
動力の革新

INDUSTRY3.0
自動化

第3次産業革命
20世紀後半
インターネットによる
自動化と省人化

INDUSTRY4.0
自律化、相互強調

第4次産業革命
21世紀
IoTやAIなどによる
自律化と最適化

5G と LPWA

　現在、家庭や施設内などにおけるインターネット接続の手段としては Wi-Fi がもっとも一般的ですが、Wi-Fi は通信品質やセキュリティーの面で不安定な部分があるといわれています。そこで現在、社会やインフラに IoT を普及させる通信として、5G とともに注目されているのが LPWA（Low Power Wide Area）です。

　LPWA の通信速度は数 Kbps から数百 Kbps 程度と低速ですが、消費電力量が低く、一般的な電池でも時には十年以上にわたって運用することが可能で、数 km から数十 km の通信が可能という広範囲性も備えています。今後は、超高速な通信が求められる場面は 5G を用い、低速でも問題ない用途では LPWA を用いるなど、双方を併用することにより、ワイヤレスでさまざまな通信ニーズに対応することが期待されています。

　現在、LPWA の普及が進む地域は北米や欧州が中心ですが、今後はアジア太平洋地域への普及も拡大するといわれており、5G と並ぶ IoT に欠かせない技術として社会へ浸透していくことが予想されています。

☑ KEY WORD
3.5G、3.9G（LTE）(P.27)

3.5Gは、3Gのデータ通信速度を高度化した通信規格で、HSPA（High Speed Packet Access ／高速パケット通信）の別称。ソフトバンクの「ULTRA SPEED」で採用された。3.9Gは、3.5Gをさらに高速化した通信規格で、LTE（▶p27）を採用した「Xi（クロッシィ）」が有名。ほかにAXGP（Advanced eXtended Global Platform）、モバイルWiMAXなどの規格も3.9Gとされる。

☑ KEY WORD
LTE-Advanced 、WiMAX2 (P.27)

LTE-Advancedは、LTEをさらに高速・大容量化した携帯通信規格で、最大通信速度は下り3Gbps、上り1.5Gbpsを実現。2015年ごろから普及し始めた。WiMAX2は、UQコミュニケーションズが提供するWiMAXをさらに高速化した規格。最大通信速度は下り330Mbps、上り112Mbpsで、時速350km程度の移動速度までインターネット接続が可能。LTE-Advancedとともに4G規格の一つとされる。

☑ KEY WORD
通信キャリア (P.38)

携帯電話会社（MNO）ほか、自前の通信回線を持つ通信事業者のこと。携帯電話会社の場合は、単に「キャリア」と呼ばれることも多い。日本では、主にNTTドコモ、KDDI、ソフトバンクの3社が「キャリア」と呼ばれてきたが、2019年に携帯電話事業に参入した楽天モバイルがそれに加わった。

☑ KEY WORD
完全仮想化ネットワーク (P.39)

英語で表記すると「Network Functions Virtualization」で、頭文字をとってNFVと略称される。従来の携帯電話ネットワークは、すべてのネットワーク機器に専用のハードウェアを用いていたが、それらを使用せず、汎用のサーバー上でネットワーク機器の役割を担うソフトウェアを動かすことで、携帯電話ネットワークを構築すること。これにより初期投資やメンテナンス費用を抑え、端末ユーザーの通信費も低価格化されることが期待されている。

☑ KEY WORD
EB（エクサバイト） (P.42)

通信機器で扱う情報量や記憶容量の単位の一つ。ちなみに、データ量を表す単位は、小さい順にビット（Bit）、バイト（Byte）、キロバイト（KB）、メガバイト（MB）、ギガバイト（GB）、テラバイト（TB）、ペタバイト（PB）、エクサバイト（EB）の順で単位が大きくなり、1エクサバイト＝10億GB＝100万TB＝1000PBとなる。

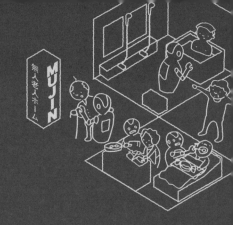

Chapter 3

5G business
mirudake note

「5G」で未来はこうなる!
交通、物流 編

「5G」によって最も大きな変革がもたらされると
期待されている分野の一つが「交通」です。
古くから研究が続けられてきた「自動運転」は、
5G の登場によって、ようやく実現性が高まってきました。
この章では、5G がもたらす「交通、物流」の
未来についてひもといていきましょう。

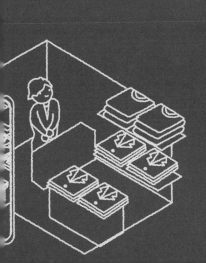

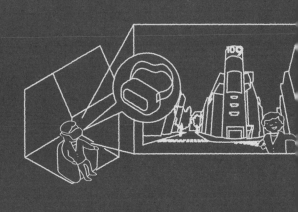

01 5Gがもたらす「交通、物流」革命

完全自動運転が高齢ドライバー問題や物流業界の人手不足の解消につながります。

5Gがもたらす変革の中でも特に期待が寄せられているのが自動運転をはじめとする交通の分野です。走行中の車内でさまざまな情報をリアルタイムで送受信するには5Gの特徴である「高速大容量」「低遅延」「多接続」が欠かせません。**自動運転**が進化すれば、遠隔操作された無人のクルマが渋滞のない道をスイスイ走り、無人のトラックが高速道路をスムーズに走行する、そんな光景が見られるようになるかもしれません。運送業界の慢性的な人手不足や深刻化している高齢ドライバー問題の解決にもつながるのではないでしょうか。

自動運転にはレベルがある

ドライバー（人）がすべてを操作する

一般的な乗用車にあたり、システムが介入することなく、すべてドライバーが運転操作をする場合。

システムがステアリング or 加減速をサポートする

車線逸脱の検知とステアリング補正、車間距離を保持するスピード調整のうち、どちらかをシステムがサポートする場合。

システムがステアリング＆加減速をサポートする

レベル1と同様のサポートを、システムがどちらも行う場合。多くのメーカーの新車に搭載されている。

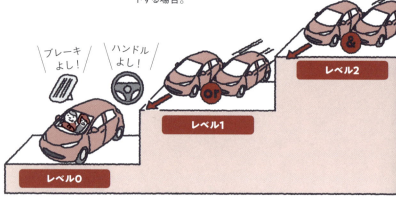

ブレーキ
よし！

ハンドル
よし！

レベル0

レベル1

レベル2

「自動運転」という言葉から、乗っているだけで目的地まで運んでくれるクルマを想像する人も多いでしょう。しかし、そうしたクルマが公道を走れるようになるのはまだまだ先のこと。自動運転には0から5まで6つのレベルがあり、現行の道路交通法では公道における自動運転はレベル2までしか認められていません。機械が操作するのはステアリングと加減速機能で、運転の主体はドライバーです。これは正確には「部分的自動運転」と呼ばれます。そして2019年に自動運転の実用化を念頭に安全基準を定める<u>改正道路運送車両法</u>（▶ p63）が成立。法案によって実用化が促進されれば、一段上のレベル3の自動運転が可能になります。完全自動運転を実現させるには法整備を含め、解決すべき問題がたくさんありますが、自動運転は未来に向かって確実に進んでいます。

特定の場所でシステムが操作、緊急時はドライバーが操作 → 特定の場所でシステムが操作（緊急時も） → すべての場所でシステムが操作

場所の制限なく、システムが運転操作を行う場合。ドライバーが不要になるため、車体からアクセルやハンドルがなくなる。

高速道路など特定の場所でのみ、システムが周囲の状況を認知して、運転操作を行う場合。ただし、緊急時やシステムの作動困難時にはドライバーが操作する。

レベル3と似ているが、緊急時でもシステムが運転操作を行う場合。

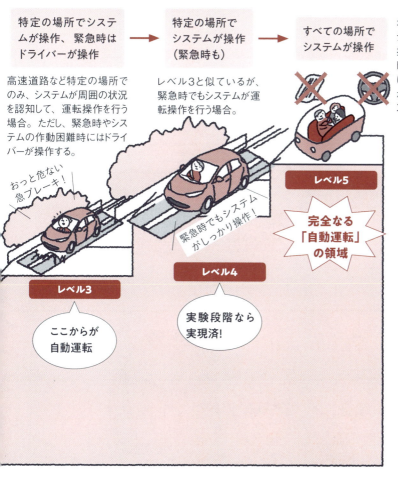

おっと危ない！急ブレーキ！

緊急時でもシステムがしっかり操作！

レベル5

完全なる「自動運転」の領域

レベル4

レベル3

ここからが自動運転

実験段階なら実現済！

02 「コネクテッドカー」とは？

コネクテッドカーは人命救助、盗難防止、さらには自動車事故の少ない未来を実現します。

コネクテッドカーとは、常時インターネットに接続され、情報通信端末としての機能を備えたクルマを指します。つまり、クルマ自体が動く通信端末になるということです。コネクテッドカーが増えれば、走行中のクルマ同士がネットワークでつながることで道路状況を共有、渋滞の緩和や自動車事故の低減につながるに違いありません。また、自動車事故発生時に自動で警察や消防などに**緊急通報**を行うシステムの導入が進められています。5G が本格的に始動すれば迅速な人命救助が可能になるでしょう。

アクセル・ブレーキの状態

走行距離

エンジンのコンディション

会話

ドライブレコーダーの撮影映像

車両搭載されたセンサーから、5G が集積・解析

即座のフィードバック（危険を察知しての走行抑制）が可能になる!

所有する車が盗難にあった際、その位置を追跡できるシステムはすでに運用が始まっています。さらに、自動車保険の分野にもコネクテッドカーは変革をもたらします。走行距離に応じて保険料が安くなる商品はすでに一般的ですが、5Gが導入されれば、アクセルやブレーキの使い方、運転の様子、搭載したドライブレコーダーの映像など、より詳細なデータの収集が可能になります。これらのデータから、ドライバーの運転スキルや集中度、危険運転の度合いなどを評価。各保険会社はそれをもとにドライバーの安全性の評価を行い、保険料を策定する**テレマティクス保険**の商品化に乗り出しました。こうした取り組みがドライバーの安全運転に対する意識を高め、交通事故の削減につながると期待されています。

コネクテッドカーの仕組み

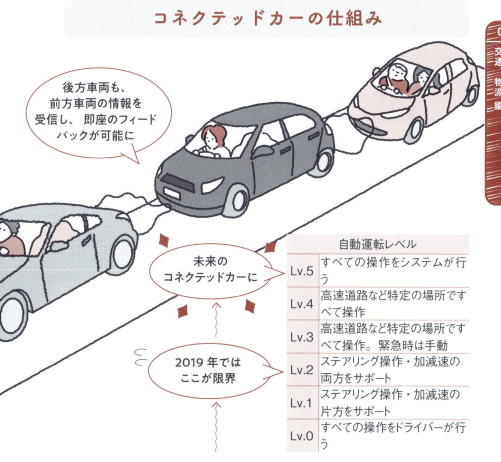

後方車両も、前方車両の情報を受信し、即座のフィードバックが可能に

未来のコネクテッドカーに

2019年ではここが限界

自動運転レベル	
Lv.5	すべての操作をシステムが行う
Lv.4	高速道路など特定の場所ですべて操作
Lv.3	高速道路など特定の場所ですべて操作。緊急時は手動
Lv.2	ステアリング操作・加減速の両方をサポート
Lv.1	ステアリング操作・加減速の片方をサポート
Lv.0	すべての操作をドライバーが行う

03 ADAS（先進運転支援システム）って何？

クルマのための安全機能「ADAS」には、5G を活用した新たな機能が続々と誕生しています。

ADAS（Advanced Driver Assistance System）とは、自動ブレーキや急発進防止などの装置を含む、クルマのための安全機能やシステムの総称のこと。たとえば、前を走っているクルマが止まったことに気づかなければ、自動ブレーキシステムが作動しドライバーに警告を与えてくれます。このように、ADAS は車載センサーやカメラなどから得た情報をもとにドライバーへの警告や運転操

ADAS の仕組み

後方

情報をオーバーレイして
後方車両を表示

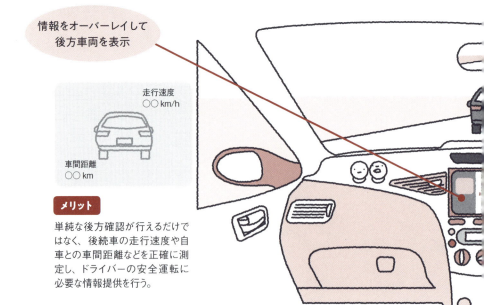

走行速度
○○ km/h

車間距離
○○ km

メリット

単純な後方確認が行えるだけではなく、後続車の走行速度や自車との車間距離などを正確に測定し、ドライバーの安全運転に必要な情報提供を行う。

作の制御を行うことで交通事故を未然に防ぐという役割を果たしています。5G
によってその機能はより高度化していくと考えられています。トヨタ自動車が
2018年より販売を開始したレクサスブランドESシリーズの最高級グレードに
は「**デジタルアウターミラー**」が搭載されています。従来のドアミラー部に搭載
されたカメラの映像が室内のモニターに映し出されますが、5Gを活用すれば、
後方から迫るクルマの速度や車間距離なども表示されるなど、より詳細な情報
がドライバーに届けられます。また、フランスの自動車部品メーカー「**Valeo**
（ヴァレオ）」（▶ p63）は前を走るクルマが撮影した前方映像がリアルタイムで
自車に配信される技術を発表。これでより広い視野を手に入れることができま
す。さらに、中国の新興電気自動車メーカーのBYTONは、音楽や動画の再
生、音声入力や検索機能などを搭載した「BYTON Life」を発表。5G時代の
ADASは新たな機能のプラットフォームとしても活躍するのです。

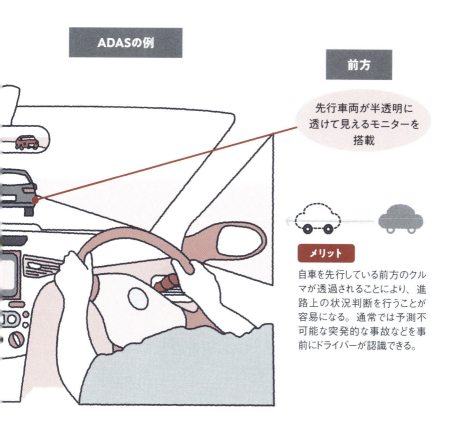

ADASの例

前方

先行車両が半透明に
透けて見えるモニターを
搭載

メリット

自車を先行している前方のクル
マが透過されることにより、進
路上の状況判断を行うことが
容易になる。通常では予測不
可能な突発的な事故などを事
前にドライバーが認識できる。

04 ドライバー不足を解消する「隊列走行」

先頭車両から5G通信で送られる情報によって後続のトラックが自動運転を行います。

運送業界のドライバー不足はもはや社会問題化しているといえるでしょう。ネット通販の普及などで物流の需要が高まり、ドライバー不足は深刻化しています。自動運転車の実用化がそうした問題の解決につながるとして、国土交通省・経済産業省が主導し実験を行っているのが、複数台のトラックが縦列して走る「隊列走行」です。先頭車両のみドライバーが運転し、自動運転のトラックが追従

運搬業の人手不足を解消する仕組み

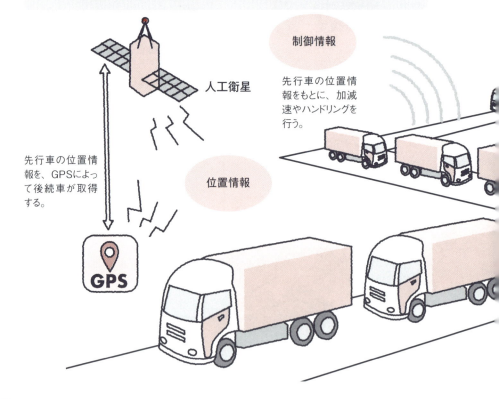

人工衛星

制御情報

先行車の位置情報をもとに、加減速やハンドリングを行う。

先行車の位置情報を、GPSによって後続車が取得する。

位置情報

GPS

するというシステムで、後続車は前の車から送られる情報によって制御され車間距離の維持や車線変更などを行います。

ソフトバンクは2019年、高速道路上で3台のトラックによる隊列走行実験を行い、成功させています。時速約70kmで走行する3台のトラック車両間で、5G通信を用いて位置情報や速度情報を共有。後続のトラックは伝送されたデータをもとに一定の車間距離を保ちながら隊列を組み、先行車の加減速やハンドルの動きに合わせ、約14kmを走行しました。後続のトラックに搭載したフルHDカメラの高解像度映像を先頭車両へリアルタイムに送る実験も行われました。早ければ2020年には高速道路の専用レーンなどのインフラ整備が進み、隊列を組んだ**無人トラック**が走行する日がやってくるともいわれています。実用化されればドライバー不足の解消をはじめ、運送コストの削減、渋滞の緩和、さらには交通事故の防止にもつながるのではないでしょうか。

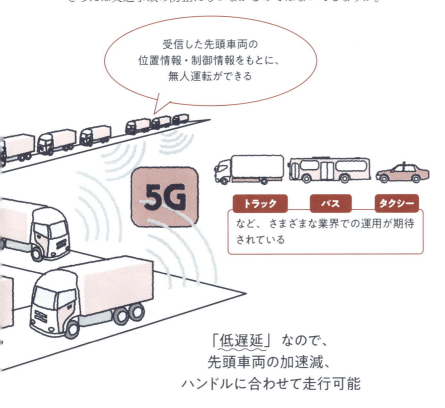

受信した先頭車両の位置情報・制御情報をもとに、無人運転ができる

5G

トラック　バス　タクシー

など、さまざまな業界での運用が期待されている

「低遅延」なので、先頭車両の加速減、ハンドルに合わせて走行可能

05 「ドローン配送」と「UGV」

5Gの実用化によって宅配の荷物が空を飛び、ロボットが届ける未来がやってくるかも!?

新たな物流の形として、ドローンによる配送が注目されています。すでに離島や山間部などの無人地帯では実証実験が行われ、2019年には楽天と西友が日本で初めてドローンによる商用サービスを始めました。神奈川県の無人島・猿島からアプリで注文をすると、対岸からドローンが商品を積んで飛んでくるというものです。これは観光客向けの期間限定サービスでしたが、政府は2022

ドローン配達が現実になる

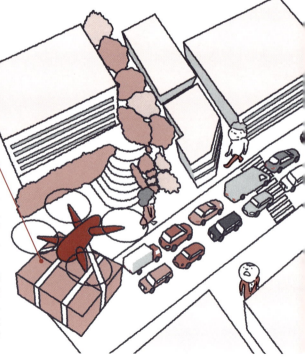

ドローン配送

「空を飛ぶ」
ラストワンマイルデリバリー

メリット 量産可能なドローンのため、人件費の削減や人手不足の解消につながる。また、交通状況の混雑などに左右されないため、効率的かつ迅速な配達を行うことが可能。

デメリット ドローンが誤作動を起こし、墜落した際の人や建築物への被害や、荷物の盗難が想定されるため、ドライバーがドローンを遠隔操作できる、免許などの資格が必要となる。

年をメドにドローンによる**有人地帯の上空飛行**ができるよう法整備を進めると発表。荷物が空から届けられる時代がまもなくやってくるのです。

ドローンとともに次世代の配送ツールとして注目されているのが地上配送ロボット「**UGV**」（▶ p63）です。現在の法規制のもとでは公道を走行することはできませんが、楽天が大学のキャンパス内での実証実験をスタート。いずれは個人宅まで UGV が荷物を届けるようになるかもしれません。ドローンも UGV も無線通信ネットワークによって**遠隔操作**や監視が行われる、いわば自動運転装置。5G が実用化されれば、利便性がますます向上するはずです。ドローンに搭載したカメラの画像データをリアルタイムで処理することが可能になり、着陸場所の安全確認などもスムーズに行えるようになりますし、UGV においては、8K カメラによる高精細な認証で、顧客の顔や ID カードの認証もできるかもしれません。5G が宅配業界にも劇的な変化をもたらします。

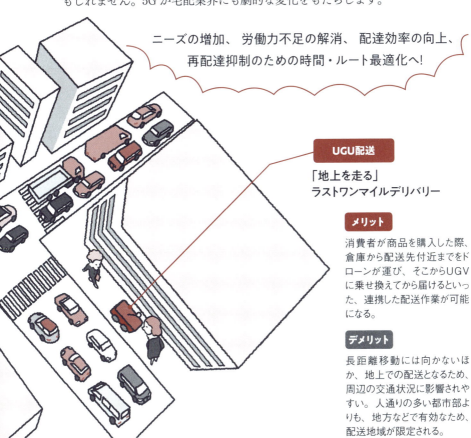

ニーズの増加、 労働力不足の解消、 配達効率の向上、
再配達抑制のための時間・ルート最適化へ！

UGU配送

「地上を走る」
ラストワンマイルデリバリー

メリット

消費者が商品を購入した際、倉庫から配送先付近までをドローンが運び、そこからUGVに乗せ換えてから届けるといった、連携した配送作業が可能になる。

デメリット

長距離移動には向かないほか、地上での配送となるため、周辺の交通状況に影響されやすい。人通りの多い都市部よりも、地方などで有効なため、配送地域が限定される。

06 遠隔監視と自動運転の事例

自動運転車は遠隔監視され、万が一の場合はオペレーターが遠隔制御で危険を回避します。

自動運転のレベルが6段階に分かれている（▶ p51）ことは先述のとおりです。レベル4からは運転のすべてをシステムが担当することになりますので、万が一に備えた遠隔監視システムが必要です。2019年、KDDIは数社と共同で遠隔監視実験を行いました。遠隔管制室に5Gで送られる映像をスタッフが監視、

実現目前の自動運転技術

管制室

自動運転車が障害物などを検知した場合にはオペレーターが**遠隔制御**を行います。管制室に設置されたハンドルやブレーキ、アクセルを使い遠隔操作を行い、その指令も5Gで自動運転者に送られるというわけです。

自動運転の実用化に関しては、バス、タクシー業界でも取り組みがなされています。特に運転手不足などの理由でバス路線が廃止された地域に住む人々や、高齢などの理由でクルマを運転できない人々にとって、遠隔監視による**無人運転**のバスやタクシーは待ち遠しいサービスといえるでしょう。無人バスは現在、いくつかの自治体で運転実験を行うなど準備が進められています。無人タクシーにおいても実用化に向けて各社が動き出しています。IT大手のDeNAは2015年から日産自動車と連携し、完全無人走行タクシー「**Easy Ride**」（▶ p63）の開発を進め、すでに実証実験も行われています。また、自動運転システムの開発を手がける**ティアフォー**（▶ p63）は、トヨタ自動車と共同で2020年に自動運転タクシー「JPN TAXI」の実証実験を行うと発表しています。

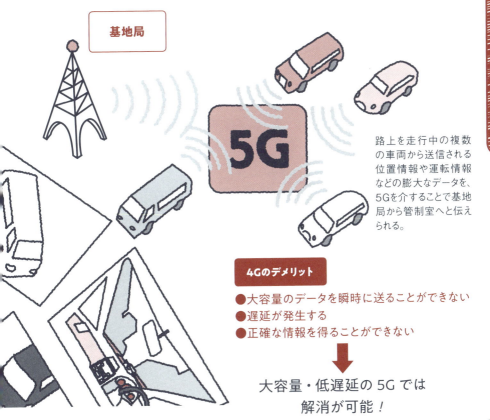

基地局

路上を走行中の複数の車両から送信される位置情報や運転情報などの膨大なデータを、5Gを介することで基地局から管制室へと伝えられる。

4Gのデメリット

● 大容量のデータを瞬時に送ることができない
● 遅延が発生する
● 正確な情報を得ることができない

⬇

大容量・低遅延の5Gでは
解消が可能！

07 MaaSとは何か？

5Gがあらゆる交通機関を一つにつなぎ、自由でストレスのない移動を可能にします。

MaaS とは「Mobility as a Service（サービスとしての移動）」の略。ICT（情報通信技術）を活用して電車やバス、タクシーからライドシェア、さらにはシェアサイクルといったあらゆる交通手段をシームレスに結びつけ、利用者が効率よく、便利に使えることを目指す次世代の交通サービスです。ヨーロッパでは **MaaS 専用アプリ**が登場するなどして、すでに実用化がスタート。日本でもト

目的地までのナビはおまかせ

現在

飛行機

面倒くさい…

タクシー

新幹線

バス

電車

レンタカー

交通手段は個人で確保
AR（拡張現実）やVR（仮想現実）、飛行機や新幹線の予約や時刻表の確認など、これまではすべて一人で行わなければならなかった。

ヨタ自動車が鉄道会社と共同でサービスを開始するなど、本格的な実用化に向けて動き出しています。

スマートフォンのアプリを利用し、検索から予約、決済までを行うというのがMaaSの一連の流れで、交通関連の膨大なデータの中から利用者が求める情報をマッチングさせる上で、5Gの大容量通信が力を発揮します。また、MaaSの普及とともに自動運転技術が進化すれば、MaaSのサービスの中に自動運転のバスやタクシー、さらには無人のライドシェアも組み込まれることになります。そうなれば、これまで自家用車以外に移動手段のなかった地域でも、MaaSのシステムを利用し、手軽に交通手段を確保することができるのです。高齢者の移動も「ドア・トゥ・ドア」となるでしょう。国土交通省はMaaSの普及によって高齢者の外出が増えれば健康増進効果が見込め、さらには地域の活性化に役立つと期待を寄せています。

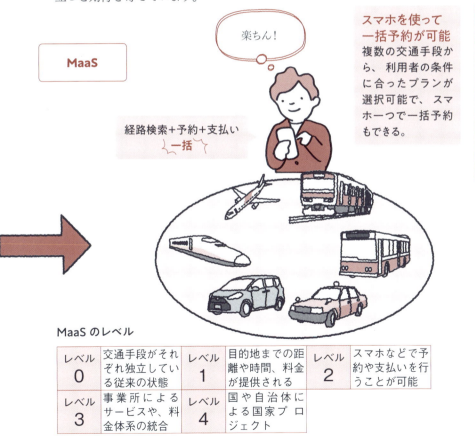

MaaS

楽ちん！

経路検索＋予約＋支払い
一括

スマホを使って
一括予約が可能
複数の交通手段から、利用者の条件に合ったプランが選択可能で、スマホ一つで一括予約もできる。

MaaS のレベル

レベル 0	交通手段がそれぞれ独立している従来の状態	レベル 1	目的地までの距離や時間、料金が提供される	レベル 2	スマホなどで予約や支払いを行うことが可能
レベル 3	事業所によるサービスや、料金体系の統合	レベル 4	国や自治体による国家プロジェクト		

世界及び日本における MaaSの現状

　世界で最も有名な MaaS システムは、アメリカのタクシー自動配車システム「Uber(ウーバー)」。現在では世界中で同サービスが導入されています。同様に「mobike（モバイク)」というレンタルサイクルのサービスもシンガポールやイギリスなど世界各地に広がっています。

　また、MaaS 先進国のフィンランドは 2018 年から「Whim（ウィム)」というアプリでサービスを開始。目的地を入力すると公共交通機関を利用する経路と料金が提案され、経路を選べます。このアプリにはシェアサイクルやライドシェアなども含まれ、決済もアプリ上で行われます。

　ドイツでもダイムラーの子会社「moovel（ムーベル)」が、2015 年に都市の交通を最適化する交通複合アプリを提供開始。公共交通機関のチケットを予約・購入したり、カーシェアリングやレンタル自転車などの予約ができるシステムで、1 年間にユーザー数が約 71%、数にして 200 万人増加、利用者が 500 万人を越えました。ドイツ鉄道（DB）でも 2013 年から「Qixxit（キクシット)」という鉄道・飛行機・長距離バスのアプリを運用しています。

☑ KEY WORD
改正道路運送車両法 （P.49）

道路交通に関する法律は「道路交通法」と「道路運送車両法」ですが、2019年5月の道路運送車両法改正では、ドライバーがしていた「認知・判断・操作」という操作をAIなどのシステムが代替すると仮定し、それに対応するように変更がされました。「自動運行装置」の定義ができ、装置に保安基準が追加されたことが一番のポイントで、ほかにも自動走行プログラムの改造が許可制になったり、検査のための技術情報の管理をどこの機関が行うかを設定。整備対象に自動運行装置も追加され、さらに自動車メーカーなどに点検整備に関する情報提供義務が課されます。

☑ KEY WORD
ヴァレオ （Valeo） （P.53）

5G自動運転時代の技術を次々と手がけるフランスの自動車部品大手メーカー。その技術の一つが、公道実証を経て2019年「東京モーターショー2019」で発表した「DRIVE 4U REMOTE」。クルマ自体の運転制御機能が利かなくなったときに備えた遠隔操作ソリューションで、5G回線の通信で遠隔地から人間がリアルタイムに自動運転車を動かすことができるというものです。

☑ KEY WORD
UGV （P.57）

UGVとはUnmanned Ground Vehicle（無人地上車両）の略。主に配送を目的としたロボットを指します。仕様は高さ100cm程度、積載量50kg以下と想定されています。現在、さまざまな大学や企業による実証研究やAI・IoT技術の発達により、注目度が高まってきています。技術や実証研究などの加速化が進んで認知度も上がり、2019年からは都市部の屋外公道での実証実験が解禁。今後は衝突予防や衝突事故の際の損害賠償責任、安全管理システムに関する規制の整備問題などが検討され運用に近づくと考えられます。

☑ KEY WORD
Easy Ride （P.59）

DeNAが日産自動車と提携して行うインターネットとAIを活用したさまざまなモビリティサービスの一つ。この完全無人走行タクシーは、スマホで手配をし、目的地まで移動するもので、24時間体制で管理センターが走行を見守ります。DeNAではこのほかにも、最寄りの交通ハブから目的地までの短距離（ラストワンマイル）を無人運転バスで結ぶ「ロボットシャトル」の実用化に向けた研究を進めています。

☑ KEY WORD
ティアフォー （P.59）

東京2020オリンピック・パラリンピックで使用されるトヨタの「e-Palette（イーパレット）」は最大20人乗りで、車いす4台と立ち乗りで7人が乗車できる自動運転バス。その心臓部である自動運転技術を担ったのが名古屋大学発のベンチャーとして2015年に設立した会社で、その自動運転用オペレーティングシステム(OS)「オートウェア」は世界中で200社以上が使うという世界一のシステムです。到着目標地点での誤差が10センチ以内という正確な挙動を実現しています。

Chapter

4

5G business
mirudake note

「5G」で未来はこうなる!
医療・介護、
セキュリティ編

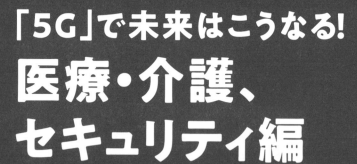

都市部への人口集中と
地方の過疎化が進む現在、遠隔医療の実現は、
わが国の喫緊の課題となっています。
さらに「5G」は、
セキュリティの分野でも省力化と省人化、
そしてAI（人工知能）を用いた高度化を
同時に実現する手段として期待されています。

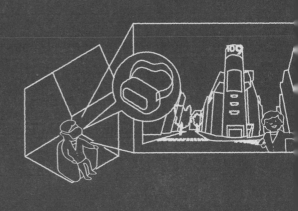

5Gがもたらす「医療・介護」革命

01

5G高速・大容量は、人間によるきめ細やかな対応をサポート、強化します。

病院などで医師による診断や治療を受けるとき、費用と共にかかるのが時間です。外来受付、診療の待ち時間に病院への移動時間があり、やっと自分の番になっても、検査データや過去の医療記録が足りない場合はイチから検査をやり直すこともあります。そして、その病院に専門家がいない場合は、紹介状を持って別の病院へ行かなくてはなりません。一刻を争う場面でさえ、物理的にも時間的にも制約が大きく、命を脅かすことがあります。そんな問題を解消するために必要となる技術の一つが5Gの特徴「無線区間の高信頼性」通信です。

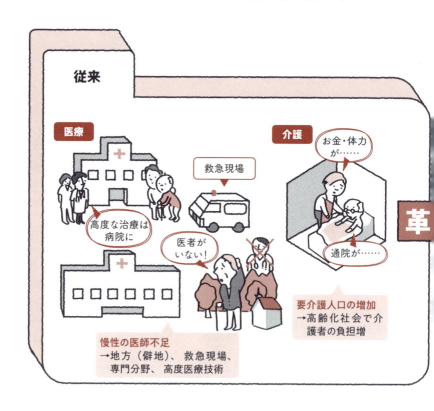

大量のデータを「高速」で「遅延なく」高い信頼性で伝送が可能となると、これまで対面で行ってきた多くのことがオンラインかつ実時間で可能となり、**遠隔医療**が実現します。また、個人の心電図や血圧といった**バイタル情報**（▶ p85）や位置情報を長期的に収集・集約し、医療や介護の場面で役立てることができます。難しい手術や珍しい症例の診断も専門医のアドバイスや AI などを活用して、かかりつけの病院で治療を受けられるようになり、移動中の通信も信頼性が上がるので、救急車内でも医師の指示を受けて治療が行えるようになります。大容量の通信は、高精細カメラの情報を送ることができ、問診や手術のサポートに活躍します。さらに、ドローンや屋上に設置したカメラで上空からの病院周辺の交通事情の把握も行えるようになります。

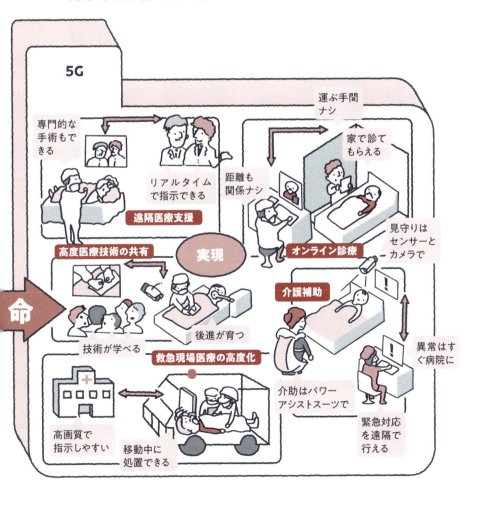

5G

専門的な手術もできる

リアルタイムで指示できる

遠隔医療支援

距離も関係ナシ

運ぶ手間ナシ

家で診てもらえる

高度医療技術の共有

実現

オンライン診療

見守りはセンサーとカメラで

技術が学べる

後進が育つ

介護補助

救急現場医療の高度化

異常はすぐ病院に

命

高画質で指示しやすい

移動中に処置できる

介助はパワーアシストスーツで

緊急対応を遠隔で行える

医師不足を解消する「オンライン診療」

02

患者と医師が同じ場所にいなくても、対面と同様の診察を受けられます。

診察のとき、医師は患者の表情や顔色、症状の場所や状態、においや会話の反応速度など、実にさまざまな情報を感じ取り、総合的に診断しています。電子カルテやレントゲン、各種医療画像と共に、高精度なカメラが付いた高音質のテレビ電話を利用することで、離れた場所にいてもそんな対面診察に近い状況をつくり出すことができます。医師が少ない地域で病院が遠い人や自動車で移動できない人、怪我や病気で家から出られない人などが、自宅にいながら医師

オンライン診療で医療格差が解消

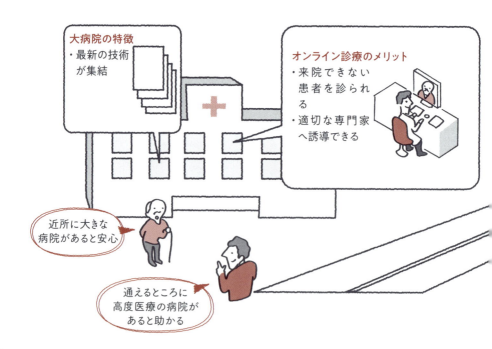

大病院の特徴
・最新の技術が集結

オンライン診療のメリット
・来院できない患者を診られる
・適切な専門家へ誘導できる

近所に大きな病院があると安心

通えるところに高度医療の病院があると助かる

の診察を受ける**オンライン診療**を受けられるようになるのです。

医師と患者だけでなく、医師同士を5Gでつなぐことで解消される問題もたくさんあります。たとえば患者がかかりつけ医の遠隔診察を受けた後、かかりつけ医が専門医に相談するケース。患者を診察した際のデータを共有し、判断を仰ぐことができます。

また、僻地などで勤務している医師が新しい技術などを学びたい場合、これまでは都会の大きな病院や海外の施設に勉強に出かける必要がありました。しかし、5Gの大容量高速通信があれば、たとえば内視鏡の操作のようにデリケートな手技など、多くのことを遠隔地でも学習することができます。

遠隔診察や遠隔医療教育は医師と患者、そして研修中の若手医師にとって大きなメリットとなり**医療格差**（▶ p85）の解消にもなります。

69

03 名医の支援が受けられる「遠隔手術」

データ通信の速度と安定性が上がると、手術ロボットを外部から操作することもできるのです。

手術をしている間にも病状は刻々と変化し、医師はその中で常に最適な手術の進め方を判断することが求められます。その判断を助けることを「手術支援」と呼びます。5G時代になると、現在でも行われている手術部位の拡大映像を大型ディスプレイに映したり、あらかじめ作成した腫瘍や血管の情報を投影するといった支援の精度が上がります。また、悪性脳腫瘍など難易度の高い手術

遠隔手術支援の進化

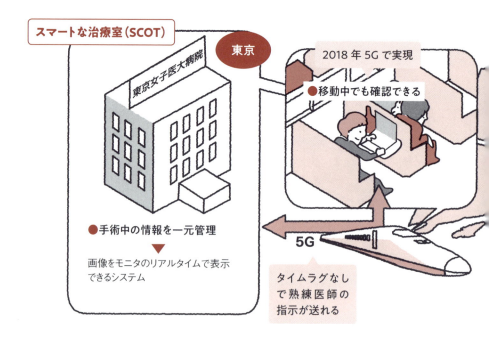

スマートな治療室（SCOT）

東京

東京女子医大病院

2018年 5Gで実現

●移動中でも確認できる

●手術中の情報を一元管理
▼
画像をモニタのリアルタイムで表示できるシステム

5G

タイムラグなしで熟練医師の指示が送れる

で、安全に切り取れる範囲を専門医や機器が指示をする「ナビゲーション」も行われるようになり、医療の質が上がると期待されています。

さらに、ナビを遠隔地から行うことができれば、医師同士の連携は活発になり、遠隔手術支援でより難しい手術が可能となるでしょう。

また、5G通信によるロボット操作は、医療現場で絶対条件とされる瞬時の対応にも適しており、ロボットを外部から操作することも可能です。無線通信なので、手術する医者の邪魔をするケーブルも不要で、従来の手術室に機材を配置するだけで、遠隔手術対応の手術室をつくることができます。既存の病院に遠隔操作の手術室をつくれることも5Gのメリットです。

ロボット手術（▶ p85）自体は1999年にアメリカで開発されたものですが、手術室に集合する必要がありました。それを遠隔地にいながら実現できるので、医療現場で5Gに期待が寄せられているのです。

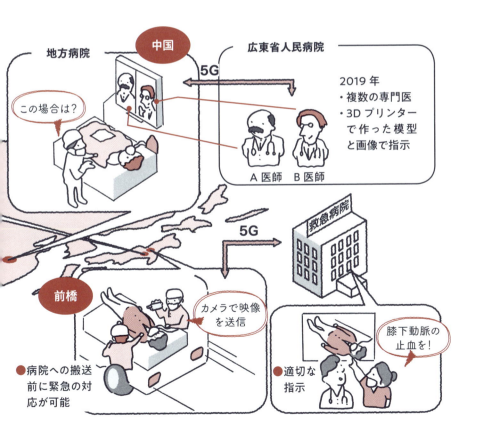

04 高齢化社会を救う「介護ロボット」

「介護をする人・される人」それぞれに適したロボットが介護の現場を変えると考えられています。

5G では、センサーで取得した情報（例えば温度や段差への接触による振動）をきっかけに解析・判断・それに基づくフィードバックを一瞬で行うことができます。この特性はロボット技術ととても相性が良いもので、とくに介護を受ける側の行動補助に向いています。具体的は、電動カートのロボット化が有望視されており、指先一つで操作できる安全な移動手段となります。GPS がスマートフォンと連携して現在地確認の見守りができるほか、転倒や連れ去りなどの危険時には遠隔で介入できる機能などを持つようになります。

5Gで広がる介護ロボット活躍の場

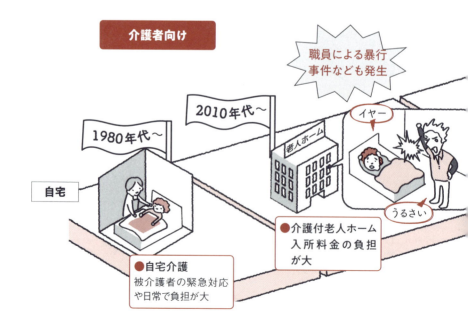

介護者向け

職員による暴行事件なども発生

2010年代〜

1980年代〜

自宅

老人ホーム

イヤー

うるさい

●自宅介護
被介護者の緊急対応や日常で負担が大

●介護付老人ホーム入所料金の負担が大

介護の現場で必要な力仕事を安全に行うために、筋力を補助する「パワーアシストスーツ」と呼ばれる装置があります。サイバーダイン社の HAL が有名です。これは人間が筋肉を動かす際に脳から発せられる微弱な生体電波をキャッチし、外側からアシストするものです。被介護者をベッドから車椅子へ移動させるなど、筋力が必要な場面で活躍します。このロボットを外部から遠隔操作できれば、操作者 1 人で複数の施設に置かれた**介護ロボット**を操作して介護することが可能になります。離れた場所にあるロボットが操作者の動きをコピーして動くことを「テレイグジスタンス（遠隔存在）」といいますが、5G ではより繊細な操作を行うことができます。現場に置かれたロボットを現場に応じて遠隔操作できるようになると、介護現場の人材不足も解消できると期待されています。

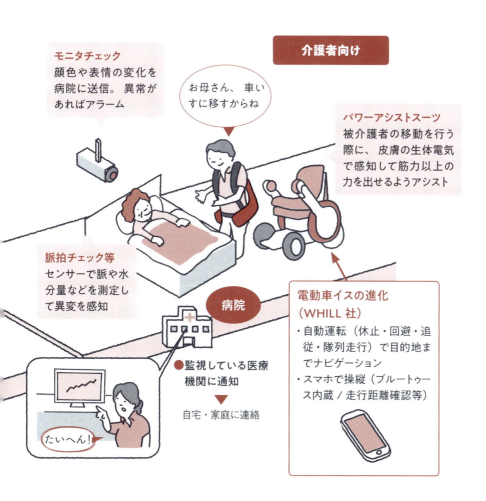

介護者向け

モニタチェック
顔色や表情の変化を病院に送信。異常があればアラーム

お母さん、車いすに移すからね

パワーアシストスーツ
被介護者の移動を行う際に、皮膚の生体電気で感知して筋力以上の力を出せるようアシスト

脈拍チェック等
センサーで脈や水分量などを測定して異変を感知

病院

●監視している医療機関に通知
▼
自宅・家庭に連絡

電動車イスの進化
（WHILL 社）
・自動運転（休止・回避・追従・隊列走行）で目的地までナビゲーション
・スマホで操縦（ブルートゥース内蔵／走行距離確認等）

たいへん！

05 救急医療を支える「クラウド」と「AI」

高速・同時多接続でデータ共有すると、搬送・診断・治療・記録が一元化できます。

救急車の移動中はカーナビによる経路案内を参考に移動、医師と救命士は携帯電話・無線による通話での情報など音声を頼りに対応しています。

しかし、5G時代には、救急車内の中で心電図をとり、エコーなどの音声よりもはるかに詳しい画像データを複数の関係先にリアルタイムで共有できるため、医師による詳しい診断やAIによる過去の症例検索が迅速に行えるようになります。同時に交通情報を元にして医療機関までの安全な経路を割り出したり、過去の診療データと比較することもできます。

救急医療の未来予想図

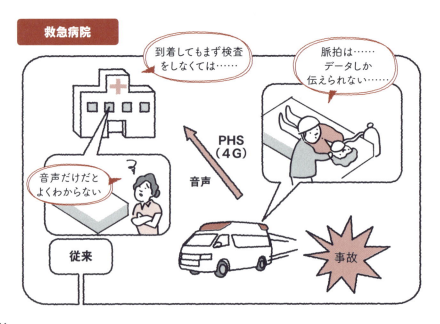

救急病院

到着してもまず検査をしなくては……

脈拍は……データしか伝えられない……

音声だけだとよくわからない

PHS（4G）

音声

従来

事故

5Gは電子カルテの共有にも非常に有用な技術で、マイナンバー情報から年齢や血液型といった本人の基本的な医療情報、かかりつけ医や診療履歴、既往症にアレルギーまで、細かい情報が瞬時に把握できます。

例えば、外出中に事故に遭った場合に本人が意識不明でも、マイナンバー情報から電子カルテ情報を取り寄せれば血液型や服薬履歴、アレルギー情報などの治療に必要な情報が入手可能です。

さらに、**ハイパードクターカー**などの実現により、最適な医療機関へ移送する際も詳しい心電図やエコー動画をリアルタイムで移送先とあらかじめ情報共有でき、検査や引き継ぎ時間が短縮できるので現場の負担も軽減。

より多くの患者の治療時間を生み出すことができるようになるのです。

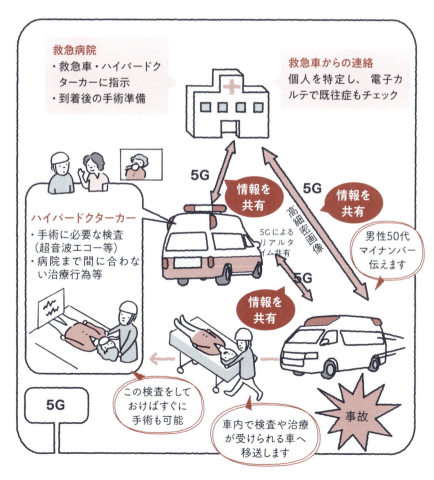

06

5Gがもたらす「セキュリティ」革命

大容量通信では、複数台の4Kカメラのデータも問題なく送信できます。ドローンやロボットとの組み合わせで「自由に動き回れてよく見える目」が増えるということです。

5Gの特徴の一つである大容量高速通信は、さまざまなカメラ機能の強化を実現します。

4Kカメラのライブ動画共有でAIが不審な動きを察知して通知したり、犯罪者情報と照合をリアルタイムで行う**監視**機能を高めることができます。

また、警察官や警備員が携帯する小型カメラやマイク・スピーカーの性能が上がるなど、現場での警備支援につながります。

セキュリティの精度が5GのおかげでUPする

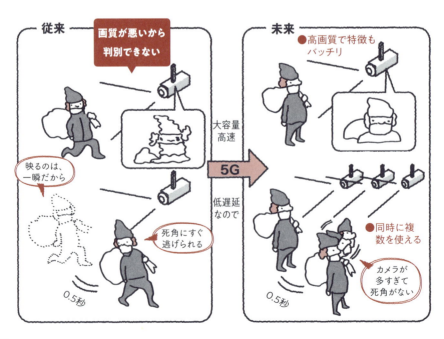

従来

画質が悪いから判別できない

映るのは、一瞬だから

死角にすぐ逃げられる

0.5秒

大容量高速

5G

低遅延なので

未来

●高画質で特徴もバッチリ

●同時に複数を使える

カメラが多すぎて死角がない

0.5秒

さらに、ドローンやロボットが AI 制御で動かせるようになるため、危険な場所や任務を代行することが可能になります。

スポーツ観戦や花火見物など大勢が集まる場所には、多くの危険が潜んでいます。その際、多くの人の動きを整理するための情報として、監視カメラからの映像は大変有効です。

また、駅のホームやショッピングモール、病院のようにさまざまな人が日常的に行き来する場所では、急に具合が悪くなった人や迷子などの発見にも高解像度カメラと AI が活躍します。

AI は人混みの中でも映像データから特定の人物を捜したり、通常とは異なる動きをする不審者や傷病者を察知でき、人間と違って 24 時間稼働が可能です。この機能は、認知症患者の徘徊を見守り、発見にも役立つと期待されています。

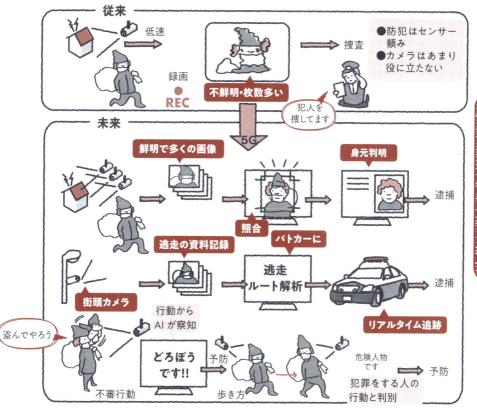

●犯罪は予備動作でわかる時代に

07 多数の「4Kカメラ」で警備を強化

満員電車や小売店、死角の多い通路など、監視カメラによる警備に頼る場面は多々あります。

監視カメラの解像度が **4K**（▶ p85）になると、そこに映る一人ひとりの顔がハッキリと見分けられる高微細画像が撮れるようになります。さらに、5Gの大容量通信で動画を扱うことができるので、特定した個人を追尾し続けることも可能です。また、AIの**顔認証**技術と連続した記録画像の組み合わせで、誰が、いつ、どこにいたのかを高速で検索できます。また、この顔認証技術と決済情報が紐付

4Kカメラがくまなく監視

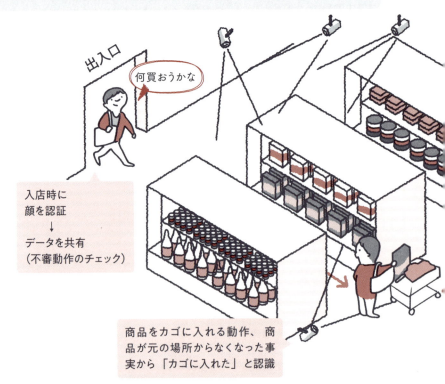

出入口

何買おうかな

入店時に
顔を認証
↓
データを共有
（不審動作のチェック）

商品をカゴに入れる動作、商品が元の場所からなくなった事実から「カゴに入れた」と認識

けられると、キャッシュレスで買い物をすることができるようになります。2018年には『顔パス』の実証実験も行われました。

4K監視カメラが捉えるのは、人物の顔情報だけではありません。不審な動きをする人物や危険物を所持する人物特有の歩き方などをいち早く捉えてAIと連動して監視することで、事件や事故の発生を未然に防ぐことも期待できます。また、あおり運転などの悪質な運転行為が高精度の4K画像をもとに取り締まられるようになることで、交通違反も減少。ほかにも、泥酔した人や体調が悪い人の保護などにも役立つと考えられています。

繁華街やテーマパークのように常に多くの人がいるような場面でも、目立たずにしっかりと監視ができる4Kカメラが数多く設置されるようになり、安全な日常生活を送れる社会になるでしょう。

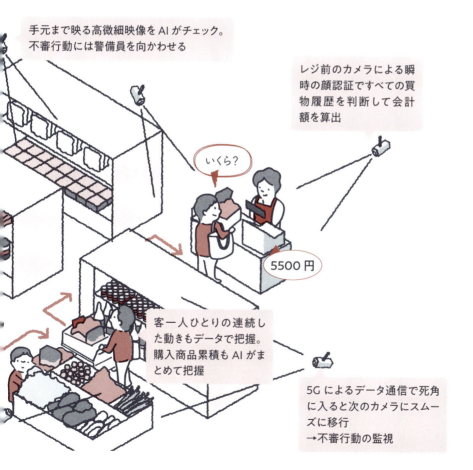

手元まで映る高微細映像をAIがチェック。不審行動には警備員を向かわせる

レジ前のカメラによる瞬時の顔認証ですべての買物履歴を判断して会計額を算出

いくら？

5500円

客一人ひとりの連続した動きもデータで把握。購入商品累積もAIがまとめて把握

5Gによるデータ通信で死角に入ると次のカメラにスムーズに移行
→不審行動の監視

08 「天空の目」と「警備ロボット」

これまでも AI やドローンを使った警備は行われてきましたが、そこに 5G が加わると一気に次世代テクノロジーの有効性がわかります。

監視カメラやドローン、巡回警備を行うロボットは 5G 以前から重要な監視ツールとして活用されてきましたが、効果は限定的でした。しかし、5G 時代になると、5G、AI、4K の**三種の神器**が一気に進化して次の次元へと成長を遂げます。100m 上空から車のナンバーや人の顔が判別できるほど解像度が高い 4K カメラの画像が AI との組み合わせで危険を見極める眼となり、超高層建造物に取

超高性能カメラが天井から監視

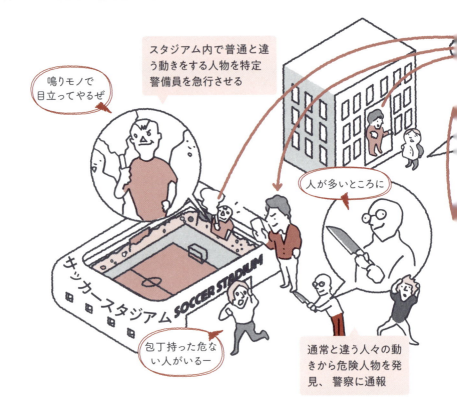

り付けることで広い範囲をカバー。このデータから重点的に監視するポイントを選び、ドローンで詳しく調べることで精度が格段に上がります。

地上を走行するタイプのロボットも、高解像度動画をAIで処理することで、自律走行の安全性が高まります。通常の巡回のほか、特定の顔や振る舞いをした人物を探す、忘れ物やわざと置かれた危険物を感知し拾得する、指定の人物を追跡することもできるようになります。人間の警備員やドローンとも情報共有し、空と地上から犯人を追い詰めることも夢ではありません。

現在、監視カメラが危険を察知してから、警備担当者のスマートフォンへアラートを出すまでにかかる時間は約5秒ですが、5Gでは0.001秒でほぼリアルタイム。不審者、急病人、群衆、不審物、暴走車両……あらゆる非常事態を察知した高解像度カメラの画像からの情報で、迅速に適切な対応ができるようになります。

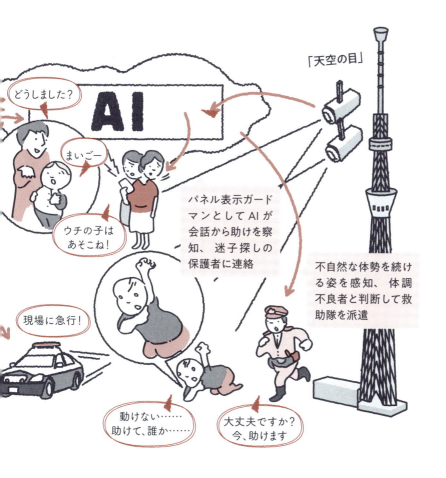

09 「4Kカメラ」と「AI」が不審者をあぶり出す

顔だけではなく、動作の特徴を解析して警備の精度を上げています。

AI に日頃から大量の動画を学習させると、顔認証以外の方法でも不審者を発見することができます。これは、ブラックリストを用いた検出では、個人のプライバシーの問題やリストの最新化という点で問題があることから開発された技術です。特定の場面における人間の行動パターンを分析し、問題となる行動・人物かどうかを AI に判定させる方法で、窃盗前の行動から万引きを検知するプログラミングはすでに実用レベルに達しています。

新世代カメラとAIのセキュリティ技術

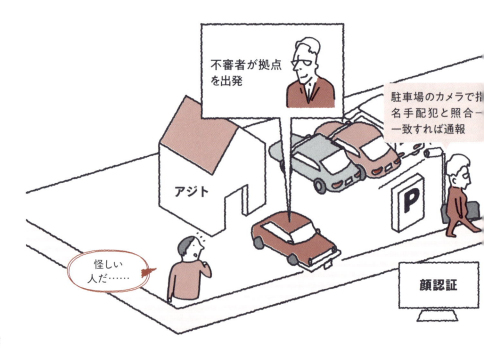

4K（▶ p85）カメラは犯罪者の発見だけのものではありません。例えば人混みでパニックになった人、病気で具合が悪くなった人、何らかの危険を避けようとしてトラブルになってしまった人など、入口のチェックでは見つけられないことも 4K カメラで継続的に監視・解析を続けることで、早期発見が可能になります。

また、万引き以外の犯罪、通り魔やテロなどにも、特有の行動パターンがあることが分かっています。また、一見不自然な動作であっても、正当な理由がある場合もあります。万引きのために人目をうかがっているのか熱心に探し物をしているのかや、危険物の置き去りなのか単なる忘れ物なのかなど、人間がずっと見守るわけにいかない状況でも、継続的な観察ができる 4K カメラと膨大な量の**機械学習**で見極めるポイントを学んだ AI なら対応が可能です。

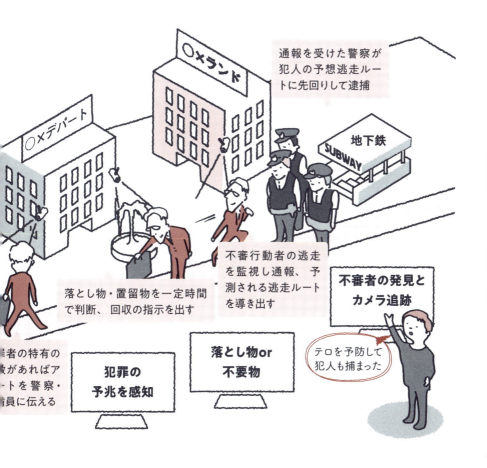

通報を受けた警察が犯人の予想逃走ルートに先回りして逮捕

落とし物・置留物を一定時間で判断、回収の指示を出す

不審行動者の逃走を監視し通報、予測される逃走ルートを導き出す

不審者の発見とカメラ追跡

...者の特有の...数があればア...ートを警察・...員に伝える

犯罪の予兆を感知

落とし物or不要物

テロを予防して犯人も捕まった

KDDI の
スマートドローン

　近年、山岳遭難事故は増加傾向にあり、とくに冬にはテレビなどでその救出劇が度々伝えられています。遭難救助にあたっては、遭難者の位置確認や現場状況が把握できない場面が多く、その把握や救助隊員の負担の軽減などが求められています。その現状を踏まえ、KDDI は 5G 技術を使った山岳救助の実証実験を信州大学・駒ケ根市などと共に実施。実験では、登山者に持たせた位置情報検出用の LPWA 端末の情報に基づいて 5G タブレットと 4K カメラ、拡声器を搭載したドローンが自律飛行で訪れ、ドローン搭載の 4K カメラから遭難者を撮影。山岳救助消防本部の 4K モニターにリアルタイム映像を送って、同時に拡声器で本部からの呼びかけを行って遭難者の状況を確認しました。

　また、その様子はドローンからの 4K 映像で現場に向かっている救助隊員にリアルタイムで伝えられ、5G タブレットで確認しながら現場に向かいました。

　この実験で遭難者の位置特定ならびに 5G とドローンによる現状把握の実効性が認められ、今後の山岳登山者の見守りと救助支援の高度化に有効な手段として検討が進められています。

用語解説 KEYWORDS

☑ KEY WORD
バイタル情報 （P.67）

医学界ではバイタルサインと呼ばれるもので、生命を保持している状態を示す指標。一般に心拍数（脈拍数）・呼吸（数）・血圧・体温の４つを指します。それぞれの正常範囲は、心拍数は 60 〜 100 ／分、呼吸数は成人の場合 12 〜 16 ／分、血圧は至適血圧が 120/80mmHg 未満、体温はほぼ 36.0 〜 37.0℃の範囲。しかし、状況や個人差による影響が大きいためその人の平熱を基準として割り出されます。事前にこの数値が分かることで医療現場での検査時間が短縮できます。

☑ KEY WORD
医療格差 （P.69）

都市圏と地方の医療環境の差を指す言葉で、一般的には「都市圏には病院や医者が多く、地方には少ない」という事象を指します。内容としては専門病院や高い技術力を持つ医師がいる大学病院なども都市圏に比べると地方は少ないため、専門性の高い手術を受けられる場が少ない、医師一人当たりの診察可能人数が限られているため絶対数が多い都市圏のほうがたくさんの人は診察を受けることができる、といったものです。地方によりその落差は大きく異なってきます。

☑ KEY WORD
ロボット手術 （P.71）

ロボット手術とは、人間の医師の代わりにロボットアームを用いて人体に対する処置を行う手術のこと。人間の医師が行うよりも傷口が小さく、人間の手ではどうしても起こってしまう手振れが補正され、より正確な手術が行えるのが特徴です。現在実現化されている全国の一部病院に導入されて手術支援用ロボット「ダヴィンチ」は、手術器械の操縦者がコンソールと呼ばれる場所に座って操縦する形。AI による手術の実現には 5G 技術の導入が必要といわれています。

☑ KEY WORD
4K （P83）

画質のきれいさを決めるのが画素数で、その数が非常に多くなるのが 4K です。横の画素数が約 4000 で、1000 を「k（キロ）」と表示することからつけられた通称です。実際の 4K 画面には横に 3840 画素、縦に 2160 画素、全体で 829 万 4400 個の画素が敷き詰められています。デジタル放送の画素数が 1440 x 1080 で、現在フルハイビジョンでは 1920 × 1080 まで増えています。しかし、4K 画像はフルハイビジョンの縦横それぞれ倍で、4 倍の美しい画像ということになります。

☑ KEY WORD
機械学習 （P83）

機械学習とはデータからルールやパターンを発見する方法で、AI が識別と予測を行う際に使われるものです。現在は分析の精度は完璧ではありませんが、5G の導入により多くのデータを分析することができるようになれば、さらに精度を上げられると考えられています。AI の進化で名が広まった人間的思考法である「ディープラーニング」も機械学習の一種。AI がより人間と近い思考を身に付け、人間にしかできなかった分野までサポートできるようになると期待されています。

Chapter
5

5G business
mirudake note

「5G」で未来はこうなる!
製造、
建築・土木、農業 編

製造業も、「5G」が大きな変革を
もたらすといわれている業種の一つです。
5G が同業界の人材不足や技術・技能承継の危機を
解消してくれるかもしれません。
また、危険を伴うことの多い建築・土木の現場でも、
5G がもたらす技術に期待が寄せられています。

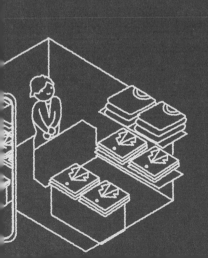

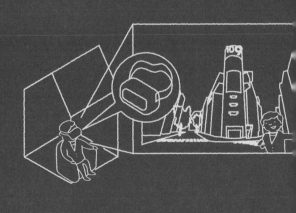

01 5Gがもたらす 「製造」革命

5Gでケーブルから解放された工場が手に入れるのは、異次元の拡張性。

工業用機械がパソコンで制御されるようになってから長い間、工場内の通信には有線ケーブルが使われてきました。大量生産を行う工業用機械は、動作中に一連の装置が完璧に同期しなければ、高速での自動製造ができないためです。5Gになると通信ケーブルが不要になり、生産ラインのレイアウトをきめ細かく、短いスパンで変更することができるようになります。また、遠隔地からの操作

5Gによる製造業の大きな変化

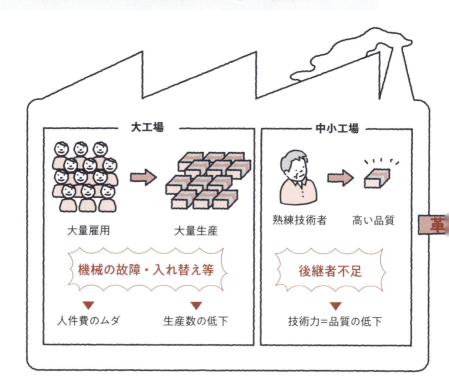

のために AI・4K カメラなどを追加する、新たな機器に取り替えるときなどにも、有線ケーブルのつなぎ直しもなく、すぐに変更が可能です。

5G 時代になると、4K カメラのような高解像度の動画のほか、さまざまなセンサーで取得した計測データもリアルタイムで共有できるようになります。

スマートグラス（▶ p105）やロボットアームへのフィードバック情報を増やすことで、遠隔地からの作業支援や品質確認などにも対応が可能になり、大量のセンシングデータの取得は、次世代の作業者に対する教育にも利用できます。同じ工程を担当する初心者と熟練者の動きについてあらゆるデータを計測し、その違いを AI で見つけ出すリアルタイムコーチングは、人材育成の高度化・高速化の面から実用化が急がれています。熟練の技を伝授する先を人間からロボットに変えることで、人材不足への柔軟な対応策としても期待されています。

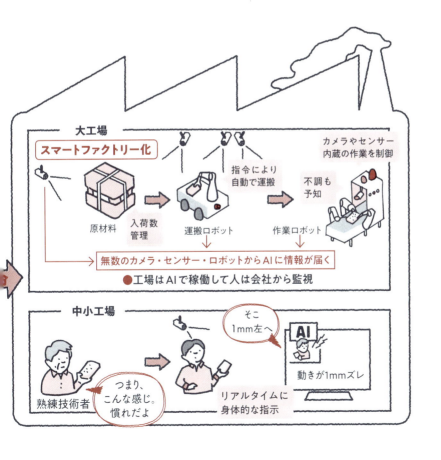

大工場

スマートファクトリー化

原材料　入荷数管理　運搬ロボット　作業ロボット

指令により自動で運搬

不調も予知

カメラやセンサー内蔵の作業を制御

→ 無数のカメラ・センサー・ロボットから AI に情報が届く

● 工場は AI で稼働して人は会社から監視

中小工場

そこ 1mm 左へ

つまり、こんな感じ。慣れだよ

熟練技術者

AI

動きが 1mm ズレ

リアルタイムに身体的な指示

02 スマートファクトリーと 5G

5Gという高品質な通信手段を手に入れた工場はAIでスマートに稼働するようになります。

「スマート」とは賢いという意味で、スマートフォンの「スマート」と同じです。5Gでは大容量のデータを信頼性が高く伝送することができるうえ、クラウドでまとめて行ってきた集中制御からエッジ処理による分散制御へ移行することで超低遅延を実現。いちいち脳で考えるのではなく、体の各部で反射的に動作が可能になる（体が勝手に動く）というイメージです。これにより条件が複雑な判断ができるようにプログラムをその都度変更したり、常時モニタリングしたデータを解析することでさらなる効率化を目指すといったことが可能になります。

スマートファクトリーの実現

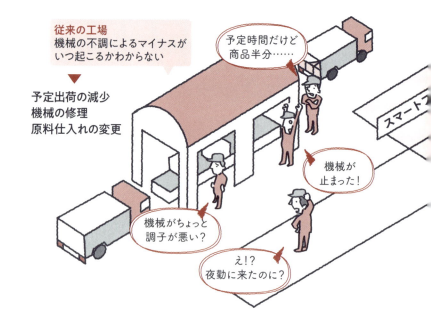

無線通信の5Gならユニットの配置・場所換えする際の制限が現在に比べて格段に小さくなります。大量のケーブルを正確かつ確実に接続し、その電線が他の機材や動線を邪魔しないように配置するといった数日がかりの手間がなくなり、労働者の待機時間や出荷製品の減少といったデメリットがなくなり、生産性が高まります。

さらに、同時接続する数の制限がなくなることで、センサーやコンピュータの活用が進みます。リアルタイムの4K動画で監視しながら、製造工程をAIに監視させて、遠隔地で情報を共有することが当たり前になります。

AIが行程を最適化しながら運用する**スマートファクトリー**は、工場の少人数化が可能なため人件費の削減や人材不足の解消などにつながるのです。

ローカル5G

「遠隔操作」で
人材不足を解消

どんなに自動化が進んでも、人の手による作業は残ります。そんなとき、遠隔操作が役に立ちます。

5Gの導入でAIが活躍する工場でも、人の手が必要な場面は残ります。単純なことはFA（ファクトリーオートメーション）で行われますが、AIで対処できない複雑なことや難しいことは人が対応する必要があります。

従来は技術者が出向いて操作をしていましたが、対応に時間がかかることでロスが生じていました。5Gであれば遠い場所にある装置もすぐに操作できるよう

5Gで変わる工場の現在と未来

機械の対策でラインが止まるな……

工場PCからの指令伝導遅延

ちょっとペースが遅いかな？調べてみるか

●統括する部署に届く情報が「少ない」「遅い」
▼
対応が遅れる

4G

工場PC

Wifi

よし、きちんと動いてる

工程1

工程2

人がたくさんいるな

Wifi

何かズレてるぞ！

Wifi

報告しなきゃ

何が原因？

工程3

同じ工場内でもWi-Fiのつながり方がバラバラ

になり、機械をストップする時間を減らしロスを減らすことができます。しかも遠隔で操作できるのは1カ所に留まりません。複数の工場、複数の装置を移動時間ゼロで扱えることになり、人材不足の解消につながります。

さらにAIが制御する運搬作業用のロボットが登場して商品の搬出や原料の入荷も作業をすると、工場に作業員が不要になり、常駐するスタッフの数は最低限で済むようになります。管理面でも、作業ロボットが不調になる予兆を4Kカメラとセンサーを使ってAIに報告させることで、点検に割く人員と時間を削減。突発的な稼働停止の危険性も下がり、工場の運用も安定化します。

このように**遠隔操作**が可能になると、工場の仕事も離れた場所で作業できることになり、オフィスで工場を管理できるようになります。

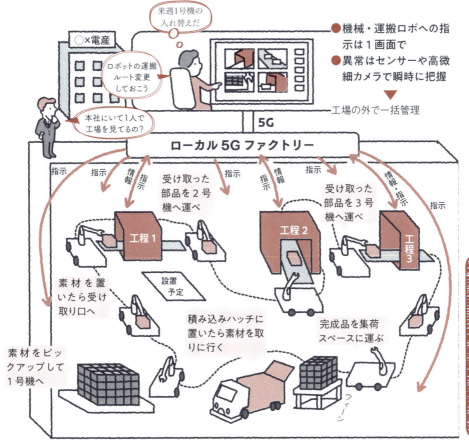

04 作業者の熟練度を上げる 「リアルタイムコーチングシステム」

まさに手取り足取り。リアルタイムのフィードバックで効率良く技を学びます。

5G は、AI と IoT を組み合わせで構成する「**リアルタイムコーチング**」の仕組みでも活用できます。リアルタイムコーチングとは、製造設備のデータや作業者の作業動線や動きを撮影した映像データ、作業ロボットに搭載したセンサーやフロアを撮影するカメラからデータを収集し、AI で解析するものです。熟練者と初心者（または学習対象者）の違いを解析し、作業者へリアルタイムでフィードバックすることで、生産性の向上と早期習熟をサポート。習熟度が客観的に把握できるため、モチベーションの向上にも利用できます。

工場技術者のレベルアップコーチング

これまでは技術の伝承にはOJTや**徒弟制度**（▶ p105）、マニュアル化などが試されてきました。しかし、ちょっとしたコツや勘といった部分を伝承することは難しく、習熟度の把握も個人の印象でしかありませんでした。リアルタイムコーチングでは、時間差なくフィードバックが得られるほか、習熟の度合いも客観的な評価として把握することが可能です。

作業者の姿勢、対象からの距離、角度、気温や湿度など、それまで技術者の勘で調整していた仕上がりの微妙な差の原因をAIが割り出し、作業を行っているリアルタイムに「どこをどのように修正すればよいか」の指示を行ってくれるので、失敗なく作業を進められるのです。集められたデータは、さらなる工場の自動化への資料や教育のための資料として蓄積されます。

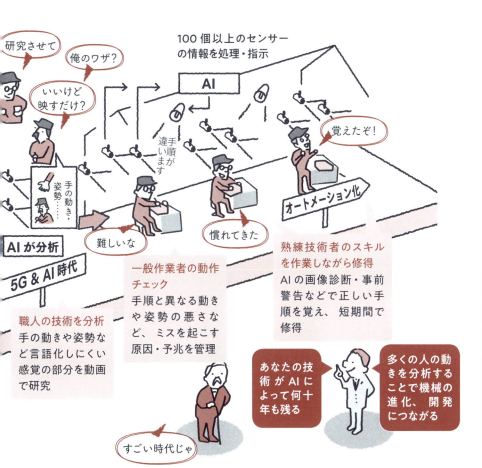

作業効率をアップする「産業用ロボット制御」

05

自分で考えて効率を上げられるロボットも 5G なら実現可能！？

5G 導入による最大の変化は、ケーブルがなくなることと、AI と接続して自律性を持つことです。従来は、作業効率を上げるために生産ラインに変更を加える際は、長時間の稼働停止が必要でした。機械のレイアウトを変更し、それに合わせて通信ケーブルを張り替える必要があったからです。無線である 5G であればケーブルがないため、作業時間が短縮できるのは簡単に想像できます。さらに、作業効率のアップ効果が見込めるのが、AI の**産業用ロボット制御**による効率化です。

産業用ロボットの弱点を5Gで克服

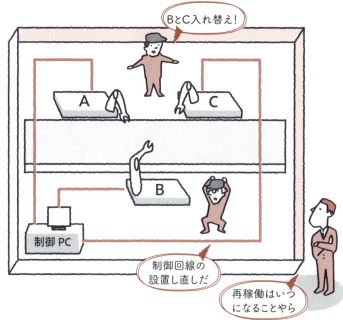

BとC入れ替え！

産業用ロボット

● コンピュータ制御
● 生産管理が容易

▼

レイアウトを変更しにくいのがデメリット（有線回線）

A

C

B

制御 PC

制御回線の設置し直しだ

再稼働はいつになることやら

作業用ロボットに付けられたセンサーや工場内の監視カメラ（4K）から得られる膨大な作業データは、AI が生産ラインの効率化を考える材料となります。

たとえば、それまで作業用ロボットで行っていた連結した作業を**ユニット**（▶ p105）の置き換えでさらに効率化できると AI が判断して管理者に提案。それが認められれば、移動機能がある作業用ロボットに配置変換の指示を出し、製品によって作業する順番を入れ替えて最も効率的に生産できるようにレイアウト変更を行ったりすることも可能になるのです。

5G によるスマートファクトリーでは、指示された通りではなく、AI が自分で考えて最もよい方法を導き出すようになります。

産業用ロボット

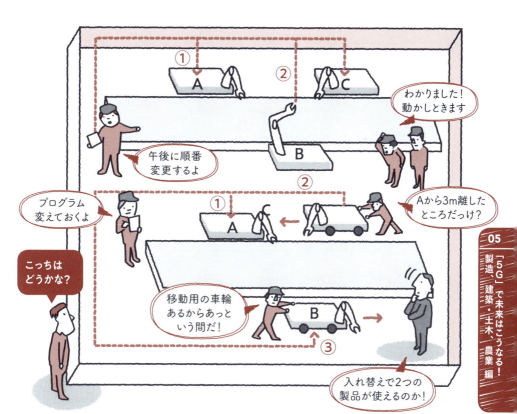

06 インダストリー 4.0 と 5G

5G が開いた IoT への扉が第 4 次産業革命を連れてきました。

「**IoT**」とは、Internet of Things の略称で、すべての「モノ」がインターネットにつながることとされています。「**モノのインターネット（化）**」とも呼ばれ、これによって生じるさまざまな産業構造の変化をインダストリー 4.0（第四次産業革命）と呼んでいます。2011 年にドイツ政府が推進した国家プロジェクトが発端でした。長い間、欧州最大の製造立国の地位を守ってきたドイツですが、国内人件費の高騰や、アメリカの IT 企業が製造業へ参画してきたことなどに危機感を覚え、製造立国として再興することを目指しました。

5G登場でインダストリー 4.0 が進む

98

インターネットの誕生は 1990 年代。第三次産業革命と呼ばれ ICT（Information and Communication Technology）がもてはやされ、インターネットは一般の世界で進化を続けました。しかし、工場のような緻密な制御が必要な分野への導入には主に通信と制御の問題でなかなか進みませんでした。

その状況が変わるのは 5G になってからです。インダストリー 4.0 で不可欠な無線通信の容量、速度、信頼性が有線ケーブルをしのぐほどになることで、一気にスマートファクトリーの実用化が進むと考えられています。場所に縛られることからも解放され、同時に進化を遂げた AI に十分なデータを渡すことで、ネットにつながったさまざまな機器が一気に賢くなり、情報がさらに価値を持つことになったのです。

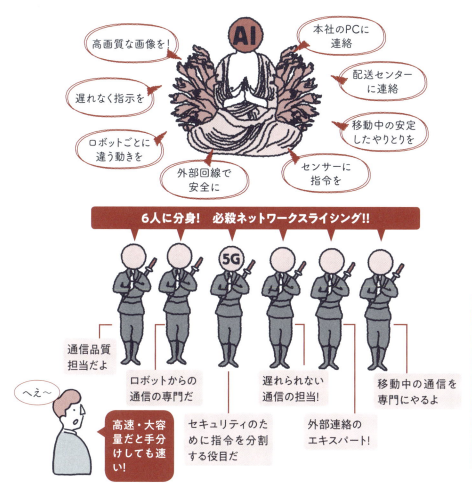

07 5Gがもたらす 「建築・土木」革命

5Gは工事現場での仕事の仕方に大変革をもたらします。

土木工事では欠かせない大型の建設重機や、土砂・資材などを運搬する大型車両は、一部の現場で既に遠隔自動操縦が実用化されています。しかし、4G通信では安全性を担保できる現場の条件が厳しく、全国的に普及しているとはいえませんでした。

5Gが導入されることで、より繊細な操縦やリアルタイム性が向上し、適用できる現場の数や種類は大きく広がります。山奥の工事現場で動いているダンプカーなどの建設重機の操縦が、自宅から行える未来がやってくるのです。

現場に行かなくても工事ができる時代に

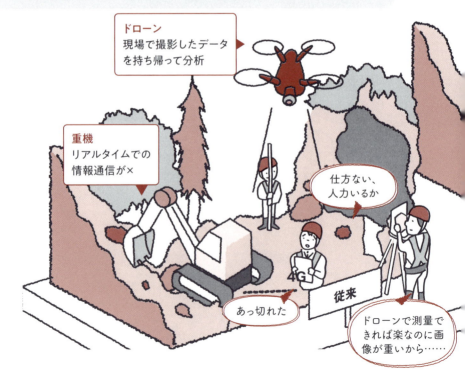

デジタルツインとは、工事現場に関するあらゆる情報、元々の地形図情報や車載カメラ・ドローンで撮影した周辺情報、工事の状況や気候、資材の利用状況、車の出入り、工事機器の状態など、工事に関わるあらゆる情報を集約し、仮想空間上に再現することですが、5G でそれが実現できるようになります。

工事の進捗管理や改善策の検討、工程のシミュレーションはもちろん、安全対策や災害時の被害予想などを可能にするソリューションで、AR や VR の技術も使い、入念な検討を行うことができるようになります。

ドローンでは、高所作業での監視や事前に察知した危険に対し、音や光で作業員の注意を促すなど、現場の安全管理にも大きな貢献が期待されています。

08 5Gがもたらす「農業」革命

スマート農業で生き残る。5Gには農業を強くする力があります。

5Gの実用化は、**スマート農業**の夜明けともいえます。医療や工業、輸送などの効率化の技術は、農業でも大きな力を発揮するものです。従来からの農業の技術・知識を5Gと組み合わせると、さまざまな場面で自動化や遠隔操作が可能になります。

作物の色や形などの画像情報を長期間収集すると、AIが収穫のタイミングや病害虫の発生を早い段階で感知して対処。収穫を最大にし、廃棄を最小にするために行うべきことなど、今まで行われてきた農業の研究結果とセンサーで集め

農業分野もAIが管理

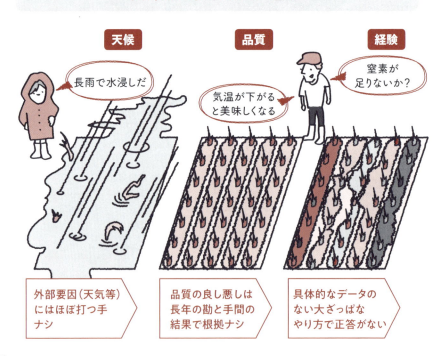

たデータの両方を活用することで、農作業の省力化と効率化が進みます。また、田畑以外にもスマート農業が活用できる場面はたくさんあります。畜産や酪農では、家畜の個体識別を実現し、**トレーサビリティ**（▶ p105）の向上に貢献できます。害獣から作物を守ることにも、監視カメラと自動対応技術の組み合わせが活躍。温室の細かい管理や雑草の処理、最新の市場動向に合わせた出荷計など、これまで勘に頼っていた部分も、AIがデータと照らし合わせて検討し、アドバイスを行うことで安全に運営できるようになります。自律走行できる農業用ロボットや4Kカメラ・AIの組み合わせによって、最適なタイミングで収穫作業を自動で行うことも可能です。

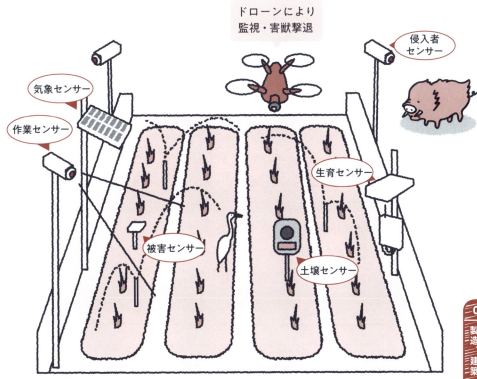

ドローンにより
監視・害獣撃退

侵入者センサー

気象センサー

作業センサー

生育センサー

被害センサー

土壌センサー

●センサーにより監視
気象・土壌・生育センサーで環境を把握。さらに被害センサーや作業センサーなどで、農地の状態を24時間監視

●AIによる最適解
各センサーが情報を元に作物にとっての最適な環境を整える。水やり、ドローンによる農薬散布、害獣退治等

●市場調査
育成した作物の市場の傾向等を判断。作付時アドバイス等

日本発「コネクテッドインダストリーズ」って何?

　インダストリー 4.0 を提唱し、その実行に最も早く着手したドイツに対し、日本政府が提唱したのが「コネクテッドインダストリーズ」。ドイツより数多く蓄積されている「スマートモノづくり」「自動走行」「ロボット、ドローン」「バイオ、ヘルスケア」の 4 分野を強化分野として、データの共有化による産業の振興を目指すものです。

　次世代ビジネスでも注目されるこの 4 分野では、日本の各企業は世界的にも進んだ技術とデータを持っていても、各社がバラバラに保有・研究しています。それを公開して互いの強みを生かすのが狙いで、世界のトップレベルの産業として確立することを目指しています。

　しかし、現状ではいくつかの問題があり、一番が情報の所有権問題。それぞれの会社の知的財産でもあり、その共有のための線引きが難しく、話し合いを進めています。

　この試みが IT 業界のオープンソースのように成功すれば、飛躍的な技術革新と圧倒的なデータ量で各産業で世界をリードすることができると期待されています。

☑KEY WORD
スマートグラス（P.89）

ディスプレイを通して現実にデジタル情報を表示するメガネ型のデバイス。AR グラスとは異なり、視界の一部に情報が表示される機能を持ちます。AR グラスほどの情報量を表示することは現在できませんが、メガネのような外見なので日常生活のなかで使用できるのがメリットです。スマートファクトリーの管理においては、AI からのアラートのみ表示させる、といった使い方が考えられます。今後も AR/VR グラスとも共存していくと考えられます。

☑KEY WORD
2025 年の崖

もともとは経済産業省がレポートを発表した 2025 年に起きるとされる IT 技術界の問題を指す言葉。従来のシステムで情報公開・更新が進んでいないためにブラックボックス化している技術が、最新のシステムと整合性が取れない時期に起きる混乱を指す。これは IT 業界にとどまらず、そのシステムを使うさまざまな業界にも影響を及ぼします。とくに医療界では初期に導入したシステムに固執すると最新の医療技術との整合性が取れず、必要な情報の共有などができなくなるので問題となります。

☑KEY WORD
徒弟制度（P.95）

もともとは中世ヨーロッパの都市におけるギルドで後継者の養成と技術的訓練を行ったり、技術の秘匿など職業的利益を守るために存在した制度。代表である親方を筆頭に職人、徒弟（見習い）で一つの工房などを形成。近代には大量生産の工場が登場して一般的ではなくなりましたが、現在でも特有の技術を持つ職人が弟子にのみ伝承する体制があり、日本の中小工場などに在籍する卓越した加工技術を持つ職人の技術を学ぶマンツーマンの教育体制を徒弟制度と呼ぶこともあります。

☑KEY WORD
ユニット（P.97）

もとは「集団」「単位」「編成単位」などと訳される単語ですが、製造業では「全体を形づくる単位」や「規格化された部品」という意味で使われ、転じて工場の 1 工程を形づくる1つの作業機械を中心としたグループを指すようになりました。ファクトリーオートメーションではこのユニット単位で生産工程を管理しており、このユニットの集合体を工場と考えます。ユニットごとのコンピュータ制御は複雑で変更も大変ですが、5G 時代には AI が自在に変更できるようになるといわれます。

☑KEY WORD
トレーサビリティ（P.103）

Trace（追跡）と Ability（できること）を組み合わせた言葉。食品がどこでいつ作られて、どんな経路をたどったかを示す生産履歴を表示する制度。産地偽装などの事件が多発したことから政府が農産・畜産物などに適用し、BSE の発生時には 2003 年に牛肉トレーサビリティ法が成立。すべての牛に個体識別番号が付けられ、インターネットで飼料や衛生管理実績を含めた履歴がわかるようになりました。2004 年からは店頭で販売される牛肉も識別番号の表示が義務化されています。

Chapter

6

5G business
mirudake note

「5G」で未来はこうなる!
流通、観光、金融 編

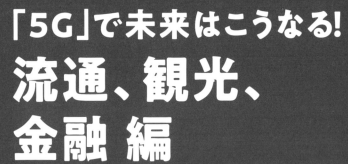

現在、電子決済が当たり前の
時代になりましたが、「5G」の時代には、
レジ待ち不要の自動決済の時代になると
予想されています。
この章では、私たちが暮らしていくうえで
欠かせない「お金」にまつわる業種を中心に、
「5G」がもたらす未来を覗いてみましょう。

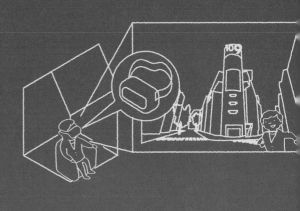

01 5Gがもたらす「流通」革命

流通の世界ではネットストアを超える体験を提供できるようになるかもしれません。

「生産と消費の間をつなぐこと」。これが流通の基本だといえます。**顧客ファースト**を進めるうえで、5Gの活用は極めて有効です。ここ数年、ネットショッピングの隆盛によって、実店舗がその売上を奪われています。ネットショッピングが伸びている背景には、手軽に買い物ができることや情報閲覧履歴によるお勧め商品の提案、**インフルエンサー**（▶ p121）や一般消費者の口コミ、容易な価格比較など、いくつもの要因があります。こうした要因によって、ネット店舗をとりまく商圏には、実店舗に行く以上の価値と**マーケティング情報**があふれているのです。

5Gで実現できるようになること

生産と消費の間をつなぐため、実店舗はネットショッピングでは体験できない付加価値を提供する必要があります。その手助けとなるのが 5G です。最近の動きとして、オンラインでの顧客行動やビッグデータの分析から、有効性の高い顧客情報を導き出し、実店舗に誘導する例が増えています。この考え方は、流通業界に新しい流れが生まれる出発点と考えていいでしょう。ネットショッピングがどんなに隆盛しても、人はデジタルの中だけで生きることはできません。ネットショップと実店舗は、もはや敵同士ではないのです。多様性を見せる顧客行動のなかで、今後はどのチャネルからでも顧客が購買できる戦略が拡大していくでしょう。ネット上での便利なショッピング体験は、実店舗でのカスタマーサービスによって補完され、顧客はオンラインとオフライン双方のメリットを享受できるのです。

02 5Gから考える「xR」消費の時代

未来の小売りやエンターテインメントを革新する可能性があります。

VR（**仮想現実**）、AR（**拡張現実**）、MR（**複合現実**）技術が、5Gと融合することにより、我々の未来の生活は大きく変わる可能性があります。これらは総称して「xR（クロスリアリティー）」と呼ばれ、仮想的につくられたコンテンツを現実の世界を融合して表示し、体験させることが可能です。現在xR技術は、ゲームやエンターテインメントのコンテンツとして普及しつつあります。今後は業務のシミュレーション、現場の風景の共有といったビジネス分野での活用も始まっており、医療、教育、製造、小売、防衛など多くの分野に広がることが期待されています。

xRで何ができるようになるのか？

VR（ 仮想現実 ）

2020年に5Gが導入されることで、xR技術の進化がますます高まっていくと予想され、急速に生活も変わっていくと考えられます。身近なところでいえば、スマートフォンアプリの「Pokémon GO」や、可愛い自撮りができる「SNOW」、2016年に発売された「PlayStation VR」、2017年にオープンしたVR体験施設「VR ZONE SHINJUKU」など、すでに多くの人が日常的に触れています。また、xR技術を用いることで、離れた場所にいながら経験豊富な医師がオペをしたり、職人がモノを製作したりする時代も到来するでしょう。消費者の行動が「モノ消費」から「**コト消費**」（▶ p121）へと移り変わってきている現在、**xR技術**による新しい体験は、人を集める手法として、今後、より私たちの生活に身近なものになっていくのは間違いありません。

AR（拡張現実）

レジの印が登場

いらっしゃいませー

商品を映すと自分の顔で着たモデル表示を出せて見ることができる

NEW

今度はメガネ型のを買おう

MR（複合現実）

ドライブVR画面の表示

立体ホログラムでさまざまな角度から見える

展示カーを見たらいろいろ浮かんできた

5G時代のキャッシュレス決済

03

キャッシュレス決済の先にどのようなサービスが生まれ、どう変化していくかがポイントです。

日本では、国を挙げてキャッシュレス決済の普及に取り組んでいます。政府では、決済に占めるキャッシュレスの割合を40%にまで引き上げるという目標を掲げ、"**脱現金化**"の動きを政府主体で推し進めています。2019年10月1日の消費税率引上げに伴う、キャッシュレス決済によるポイント還元制度の導入はその最たる例かもしれません。キャッシュレス決済が登場した背景には、IoTや5Gなどの技術革新があります。通信の高速化が進むうえでキャッシュレス決済サービスがより使いやすくなって、今よりキャッシュレス社会が進む可能性はもちろん考えられるでしょう。

スマホで情報集めから購買まで

渋谷駅

現在位置とネットでチェックした商品のショップが連動したMAP

SALE

ショッピングナビ ON
街歩きの目的に応じたナビゲーションを選ぶと情報収集

あ、こんなのが安くなってる！

キャッシュレス社会を支えているのはスマホとオンライン決済の広がりです。今後のキャッシュレス化を象徴する存在として期待されるのが、スーパーやコンビニで買い物をしたとき、利用者のIDとなるQRコードを入場ゲートのカメラにかざすだけで支払いができる**顔認証**決済。そしてICカードや切符を必要としないタッチレス搭乗です。キャッシュレスになれば、現金のやり取りにかかる負荷が劇的に少なくなり、精算のために無駄な時間を使わない利便性は、新しい価値だといえるでしょう。日本でキャッシュレス決済が身近な存在になるのはもう少し先のことになりそうですが、スウェーデンや中国などでは、多くの国民がキャッシュレスを受け入れており、現金を持ち歩かない人が増えています。5G時代の到来による消費者の決済スタイルの変化は、より便利なライフスタイルの訴求を追求していくことに他なりません。

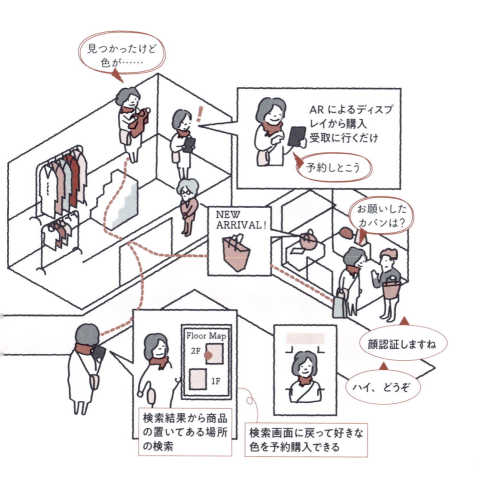

04 労働力不足の救世主に、ロボットによる労働管理が進む！？

労働力不足に悩むシーンで、ロボットが人に代わり、仕事を行うことができます。

5Gは**ロボティクス**（▶ p121）業界において画期的なテクノロジーだと見られています。ロボットは、掃除機やペットといった形で生活のあらゆるシーンに入り込んでいます。身近なところでは、アマゾンの「Alexa」やアップルの「Siri」といった音声アシスタントスピーカーによって、自宅がスマート化されつつあり、将来的にはすべての子どもが**AIアシスタント**を持つようになるとの予測もあります。また、人とロボットの精緻な連動を可能にする5G技術により、人が入れないような場所や、長時間働けない危険な環境下での作業を、産業用ロボットが代わりに行うことも可能になります。

5Gで購買意欲を損なわない店舗に

5Gによって滞りない無線通信操縦が実現すれば、新たな市場への進出にも現実味が増してきます。米国最大手の電話会社であるAT&Tは、小売企業向けロボットを手がけるBadger Technologiesと提携し、小売店舗における作業の自動化をテストしているといいます。今後、数年をかけてこのロボットを北米の約500の小売店舗に展開していく計画だそうです。さらに、「5G時代」が到来すれば、AIやロボット製品は、単なる小型化や汎用化、ポータビリティ性向上にとどまらず、既存技術に比べて、データの遅延を数分の1、数十分の1というレベルまで軽減できるそうです。これは、人間とロボットをより緊密にシンクロさせ、協業の範囲をさらに広げてくれるといえるでしょう。少し前なら夢物語とも思えた世界を実現する新たな社会インフラとして期待され、働くという概念が劇的に変わる可能性を秘めています。

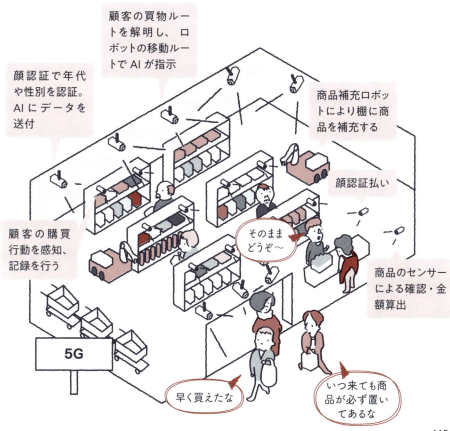

115

05 5Gで激変する「デジタル広告」と「マーケティング」の世界

本来あるべき価値提供・感動体験が高まり、インターネットの新たな可能性が広がりそうです。

5G時代の到来により、データ容量の上限に左右されなくなるため、動画や音声といったリッチコンテンツの配信が増え、よりインタラクティブなものが増えてくると予想されます。米インテルの予測では、2028年には**モバイルディスプレー広告**の市場規模は1780億ドルに上るそうです。日本でも**動画広告**市場は急成長を続けており、インターネット広告市場の10%以上を占めるまでに拡大しました。すでに若い世代は、TikTokやInstagram Storiesなど、動画でのコミュニケーションを好んでおり、新たな広告とマーケティング手法が生まれることも予測されています。

新時代のデジタル広告

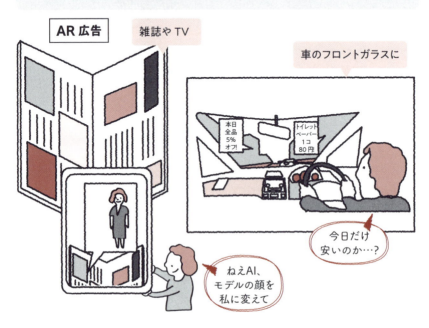

AR広告

雑誌やTV

車のフロントガラスに

本日全品5%オフ!

トイレットペーパー1コ80円!

今日だけ安いのか…?

ねえAI、モデルの顔を私に変えて

オフライン広告においても動画の活用が広がります。JR 東日本は山手線を皮切りに車内広告のデジタル化を進め、以前のようなテキストと画像で構成された広告は見当たらなくなっています。電車以外でもタクシーやエレベーターのサイネージなど、今後その傾向はさらに進んでいくでしょう。また、5G の登場で最も変化するのは、マーケティング分野です。xR が提供する新しいクリエイティブの手法は、5G 時代ならではのもの。今まで配信できなかったリッチなクリエイティブが可能になり、**ゲーミフィケーション**を（▶ p121）生かしたエンゲージメントの高いコンテンツを提供できると考えられます。5G のおかげで広告各社は、配信規模や配信手段、効果測定の問題を克服し、新たに得たユーザー情報を活用することで、広告の効果をリアルタイムに測定できるようになるでしょう。

VR 広告

●街頭広告
VR の街の背景に広告を表示
この色すごくかわいい！

●バーチャル試着
似合ってますよ
商品の VR 版を試着する

●バーチャル試用
このラケットすごく使いやすい
バーチャルで使用感を体験する

●バーチャル動画
おいしそう
VR の中で動画コンテンツを流す

VR で体験ができれば買いやすい
VR の中で実際に注文することもできるのね

06 「窓口」も「認証」も デジタル化する金融業界

フィンテックにおける金融の流動化を加速させる可能性があります。

もともと金融業界では、**フィンテック**と呼ばれる金融サービスと情報技術を結び付けたさまざまな試みを行ってきました。スマートフォンなどを使った送金も身近な例の一つです。5G技術による金融機関の取引におけるフロー改革は急務であり、社内業務から窓口業務に至るまで、デジタル化が加速するのは間違いありません。そして社内で顧客データを共有しておけば、情報消失を防ぎ、引継ぎや一人ひとりのお客様に合わせたきめ細かいサービスなどに役立てることができるでしょう。さらに日常業務のデジタル化で効率化を図った先には、AIやRPA等による自動化なども考えられます。

5G時代のフィンテックサービス

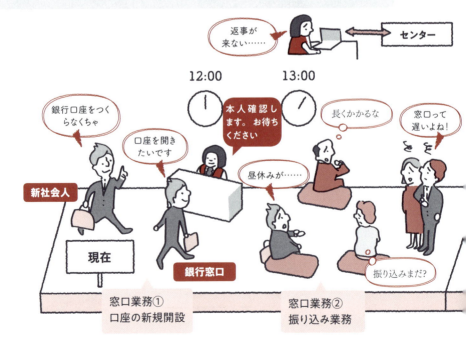

5G技術による最大の利点は、通信の安全性と速度が増すことです。そのため利用者は、自分のモバイル端末で即時決済できるようになったり、テレビ電話などの設備で対応してもらうことによって、銀行の支店までわざわざ行かなくてもよくなります。それは接客スタイルの変革をもたらし、店頭業務の負荷軽減となるうえに、顧客満足度の向上にもつながります。また、ウェアラブル端末が金融機関に生体データを提供し、利用者IDを瞬時に正確に確認できるようになれば、**生体認証**（▶ p121）時の精度も上がり、セキュリティ面でのリスクも最小限になります。さらに、AIを取り入れる新しいパーソナルバンキングに5G技術が活用されれば、AIアドバイザーによる顧客のお金の使い方に応じた金融アドバイスの提供が期待できます。今後の金融機関には、既存サービスのクオリティ向上を実現しながら、5Gによるデータ活用が求められています。

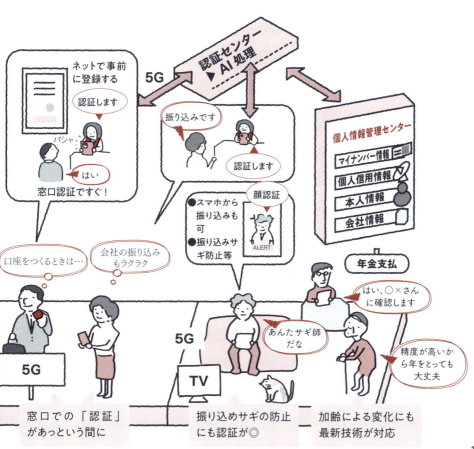

窓口での「認証」があっという間に

振り込めサギの防止にも認証が◎

加齢による変化にも最新技術が対応

ドコモの
「新体感観光サービス」

　5G 研究を世界的にリードする NTT ドコモは、5G を活用した「新体感観光サービス」の開発を進めています。

　それは、鉄道やバスなどの観光体験に新たな価値を提供すべく、そのときの風景や走行エリアに合わせた観光コンテンツを xR 技術で車窓へリアルタイムに表示し、旅行の満足度を向上させるというものです。

　すでに JR 九州では 2019 年春、肥薩線人吉駅〜吉松駅区間を走行する D&S 列車「いさぶろう・しんぺい」の車内において実証実験を実施。実験では車窓から見えるグラフィカルな位置情報や列車上空からのドローン空撮動画コンテンツを配信しています。本来見られないアングルからの景色を楽しむ体験は非常に好評でした。

　さらに、2019 年 10 月からは JTB 沖縄とタッグを組み、沖縄の希少な鳥「ヤンバルクイナ」を探すバスツアーにて同サービスの一般提供を開始。一般化に向け着々とサービスを整えています。

　本格普及に至れば、観光資源の価値が上がり、沿線地域の活性化や社会課題の解決などにつながります。

Chapter 6

用語解説 KEYWORDS

☑ KEY WORD
インフルエンサー （P.108）

世の中に与える影響力が大きい行動を行う人物を指す言葉。近年では芸能人や有名人だけでなくSNSでフォロワーがたくさんいる人物が増え、流行を生み出す発信を行う人物のことを指す意味として使われるようになっています。Instagramのインフルエンサーはインスタグラマー、YouTubeのインフルエンサーはユーチューバーという個別の呼称がついており、それらの人物の発信する情報を企業が活用して宣伝することをインフルエンサー・マーケティングといいます。

☑ KEY WORD
コト消費 （P.111）

一般的な物品を購入する消費活動を「モノ消費」と呼び、それに対して「事柄（体験）」にお金を使う消費行為を表す言葉。つまり、商品やサービスによって得られる経験に価値を感じて使うことというもので、とくに非日常的な体験が伴う経済活動を指すことが多くあります。次世代の消費行動で活発化すると考えられています。この「コト消費」は特に海外旅行者向けのインバウンド業界で傾向が顕著で、旅館の「おもてなし」に対して価値を見出す経済行動が例として挙げられます。

☑ KEY WORD
ロボティクス （P.114）

ロボットの設計・製作・制御を行う「ロボット工学」を指す言葉で、ロボットのフレームや機構を設計する機械工学、ロボットに組み込んだモータを動かす電気回路を作る電気電子工学、ロボットの制御プログラムを組む情報工学の研究を行う学問です。ロボットに関連する科学研究を総じて呼ぶ場合もあります。「ロボットテクノロジー（RT）」という言葉も同義語として使われます。

☑ KEY WORD
ゲーミフィケーション （P.117）

ゲームのデザイン要素や原則をゲーム以外に応用するという意味の言葉。組織の生産性や学習意欲の向上やクラウドソーシング、従業員の評価、使いやすさなどを向上させるのに用いられます。総務省の発表した情報通信白書が、リアルタイムで情報を見られるソーシャルサービスのなかでソーシャルゲームを取り上げ、ユーザーへのゲーミフィケーションの有用性を示したことで、より注目されるようになりました。

☑ KEY WORD
生体認証 （P.119）

「バイオメトリック（biometric）認証」、「バイオメトリクス（biometrics）認証」とも呼ばれる、個人を特定する人物認証のこと。現在すでに実現している指紋や瞳の虹彩といった身体的特徴や、身体の傾きのクセや行動のクセなどの行動的特徴の情報を用いて行う個人認証の技術。5G時代には、網膜や音声、顔といった身体的特徴、および筆跡やまばたきの回数、唇の動きのクセや歩き方などの行動的特徴も個人認証のキーになるといわれています。

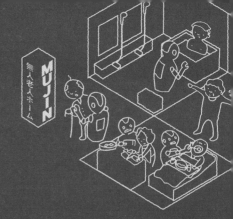

Chapter
7

5G business
mirudake note

「5G」で未来はこうなる!
生活 編

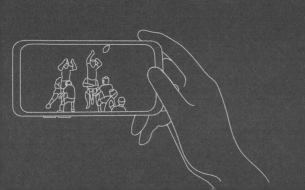

「5G」がもたらす変化について、
多くの人が最も身近に感じるのは、
やはり生活にまつわる変化ではないでしょうか?
この章では、私たちをとりまく社会と私たちの生活、
そして教育などに「5G」が与えるインパクトを、
さまざまな事例を交えて紹介します。

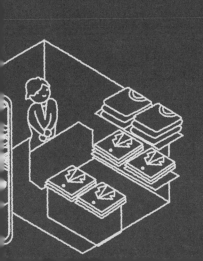

01 「5G」で私たちの暮らしはどうなる？

スマートフォンの登場や家電製品の品質向上で便利になった私たちの生活。5Gの登場でもっと便利になります。

高速で大容量、低遅延で高信頼。すべての電子機器がインターネットに接続し、自動運転のクルマが街を走る──。5Gが広まると、まるで**SF映画のような暮らし**が実現するといわれています。**VRツール**（▶ p135）で家にいながらスポーツ観戦がライブ感覚で楽しめ、料理はプロの料理人がタブレットを通じてリアルタイムで直接指導。子どもは学習塾に通うことなく部屋で授業を受けられるということも考えられます。また、家に不審な人が近づいてきたらセンサーが素早く反応して、パトカーを自動的に要請してくれるかもしれません。

家の中の暮らし

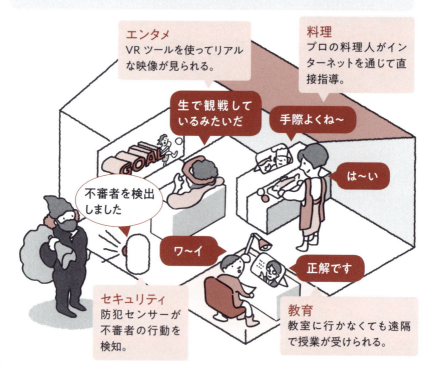

エンタメ
VRツールを使ってリアルな映像が見られる。

生で観戦しているみたいだ

料理
プロの料理人がインターネットを通じて直接指導。

手際よくね～

は～い

不審者を検出しました

ワ～イ

正解です

セキュリティ
防犯センサーが不審者の行動を検知。

教育
教室に行かなくても遠隔で授業が受けられる。

同時に多数ネット接続が可能となる 5G の世界は、今とは比べものにならないほど利便性が高まります。電力エネルギーは最適化され、街には自動運転のクルマが巡回しているので好きなときに好きな場所へ行けるようになります。また、信号機もネットワーク化しているので渋滞が抑制されることも考えられます。さらに、大きな地震などの災害時には、アクセスが滞ることなく安否メールが必ず届いたり、救助に必要な支援物資が必要な人たちに正確に届けられたりするので、二次的・三次的な被害の拡大を防ぐことが可能になります。加えて、災害により一部の地域でけが人や病人が多数出ても、全国の医師がネットワークを通じて診察することができるので、医師不足に悩まされることもなくなります。

街での暮らし

医療
病院に行かなくても遠隔でサービスが受けられる。

遠隔操作で診療します

自動運転
移動したい人のもとへクルマが自動的に配車される。

ちょうど迎えに来た

最適な量をつくれる

5G になって渋滞知らずだ

信号機
AI を利用して交通の流れを最適化。

発電所
ネットに接続で、街の電力が効率的に分配される。

02 「スマートシティ」が本格的にはじまる

情報通信技術を駆使して最先端の街づくりを目指すスマートシティ。5G の登場でさらに飛躍するといわれています。

5G の登場や IoT の多様化によって、街は大きく様変わりするといわれています。「**スマートシティ**」はそのような先進的な技術を生かし、都市における新たな価値を創出する取り組みです。例えば電力エネルギーを例に挙げると、ネットワーク技術を応用すれば今よりも最適化され、電力が足りなかったりつくり過ぎたりすることが防げます。また、電車やバスといった交通機関も、ネット接続によって機能性や利便性が高まることが考えられます。渋滞や事故といった課題は、過去の話になる日もそう遠くはないかもしれません。

スマートシティとは？

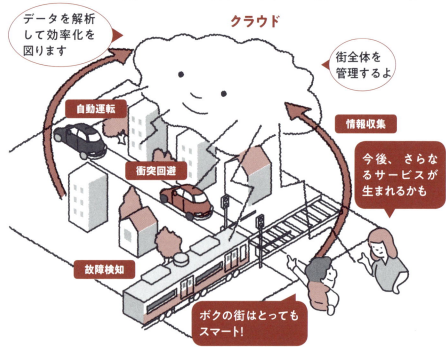

スマートシティが実現化した社会を「ソサエティ5.0」といいます。5.0という数字は第5段階を意味し、第1段階は狩猟が中心となった古代の社会で、第2段階は農耕社会が中心だった中世。そして、産業革命が起きた近代が第3段階で、情報網が発達した現代が第4段階になります。**ソサエティ5.0**が目指すのは、IoTや**ビッグデータ**（▶ p135）、AIやロボットなどを活用した新たな未来社会。人間の代わりに働くロボットや無人走行のクルマなど、これまで映画やマンガで描かれてきた世界を想像するとわかりやすいかもしれません。ただ、そのような社会が訪れるには通信事業者だけではなく、自治体や企業との連携が不可欠です。すでに連携がはじまっている地域もありますが、ソサエティ5.0の社会はこれからといえます。

ソサエティ5.0とは？

会社まで自動運転のクルマの中で仮眠しよう

生産性を上げるぞ

もしも〜し

えっさか、ほいさか

パオーン

うほ

ソサエティ5.0
5Gの時代

ソサエティ4.0
情報社会の時代

ソサエティ3.0
産業革命の時代

ソサエティ2.0
農耕の時代

ソサエティ1.0
狩猟の時代

03 「スマートハウス」での未来生活

家の中の暮らしはネットワークの接続で大きく変わります。「スマートハウス」は今後訪れる未来の家の呼称です。

「**スマートハウス**」というと、太陽光発電システムや蓄電池などのエネルギー機器を搭載したエコ住宅を想像する人が少なくないかもしれません。ただ、5Gが本格的に導入され、IoT が多数接続されれば、家の中の暮らしはエネルギー分野だけにとどまらず、多方面で利便性が向上します。たとえば、冷蔵庫などもインターネットに接続されるので、庫内にある食料が減るとその場でネット注文が可能となります。"スマート"には賢いという意味がありますが、ソサエティ 5.0 の社会ではその賢さがさらに加速するのです。

「賢さ」がウリのスマートハウス

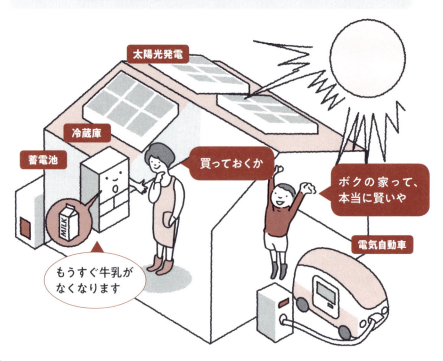

家電製品がネット接続されるコネクテッド化は、利便性を高めるだけではなく、住む人の安全性も高まるといわれています。たとえば、**ウェアラブルデバイス**（▶ p135）と病院がつながれば、家にいながらにして病院の診察が受けられます。また、何らかの病気にかかり家の中で倒れてしまったとしても、家電製品が異常を検知して救急車を呼んでくれるかもしれません。そのほか、介護士の代わりにお世話をしてくれる介護ロボットや、排泄物で病気を発見してくれるトイレなど、居住環境の快適度は今と比べものにならないくらいに飛躍します。現在、医師や介護職員の人手不足が問題になっていますが、これからはじまる IoT の本格化によって効率化が進められることにより、これらの問題も一気に解決する可能性が高いのです。

人に優しい家づくり

あれ!?人が倒れている…

家電製品が家人の安心・安全を守る。

では、診療をはじめます

お願いします、先生

ごはんができました

ニャ〜

「5G」で教育はどう変わる？

04

5Gの登場で劇的に進化するさまざまなサービス。教育分野においても大きく変わるといわれています。

これまで教育というと教室で先生の話を聞くというスタイルが定番でした。しかし、5Gが普及すれば、このスタイルは過去のものとなる可能性があります。大容量データの転送や同時接続が可能な5Gであれば、100人単位の学生がスマホやタブレットを見ながら遠隔で授業を受けることが容易になります。特に僻地に暮らす学生の場合、授業を遠隔操作で受けることで長い時間をかけて登下校をする必要がなくなるのです。また、**3DCG**（▶ p135）を使った教材の登場で、授業のあり方も一変するといわれています。

遠隔で授業が受けられる

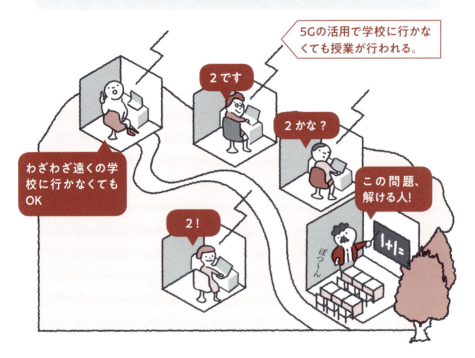

これまで紙教材の内容を覚える暗記学習が基本的な教育のあり方でしたが、見て・触れるという**体験学習**の時間が増えるといわれています。それを可能にするのがVRツールを使った教育です。VRツールを使えば、アフリカの大草原にいるライオンを至近距離で観察するという疑似体験ができるので、わざわざ現地に行く必要はありません。また、パイロットの養成所ではフライトシミュレーターを使った操縦訓練が行われていますが、今後はVRツールがその役目を担います。VRツールはフライトシミュレーターと比べて安価なので、パイロットが低コストで育成できるようになるのです。ちなみに、5Gではウェブブラウザ上でVRが見られるようになるため、今後はHMD（▶ p135）などのデバイスは不要になるそうです。

VRで体験型教育が可能に

5Gの活用で学校に行かず、VRツールを使って教室にいながら体験学習が可能となる。

ガオー

今日の授業はアフリカ遠足です

スゲー

キャー

05 5G 時代のサービス 「XaaS」って何？

インターネットの登場で私たちの暮らしはとても便利になりました。5G になるとさらに利便性が向上します。

Gmail を使って友人にメールをしたり、ワードで文章を書いたり、スマホで撮った写真をクラウド上に保存したりと、私たちの生活はさまざまなインターネットサービスによって成り立っています。「**XaaS**」というのは、そんなインターネットを介したサービスの総称。ちなみに、XaaS の「X」は未知の値を指していて、「aaS」の部分はアズ・ア・サービス（as a Service）の略称です。5G になると従来よりも高速かつ低遅延になるだけでなく、さまざまな IoT と接続されるので、今後のサービスはまさに未知数といえます。

XaaS はネットを介したサービスのこと

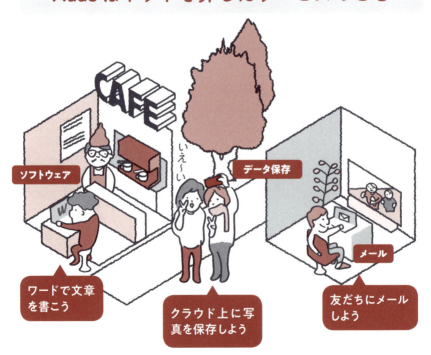

ソフトウェア

ワードで文章
を書こう

データ保存

クラウド上に写
真を保存しよう

メール

友だちにメール
しよう

XaaS のサービスには、アプリなどのソフトウェアが利用できる「SaaS（Software as a Service）」や、アプリや WEB サービスなどを開発する「PaaS（Platform as a Service）」、サーバーの設計や構築を行うインフラエンジニア向けのサービス「IaaS(Infrastructure as a Service)」などがあります。これらはすべてデジタルサービスですが、5G の時代になるとデジタルの枠を越え、新たなサービスが展開されます。その中で注目を集めているものに、介護ロボットを使ったサービス「**RaaS**（Robotics as a Service）」があります。食事や入浴、薬の服用や排泄など、介護スタッフの代わりにロボットがサポート。すでにロボットは工場や農場などで活躍していますが、今後はもっと人々の暮らしに浸透するといわれています。

今後の注目は「RaaS」

AI機能を搭載したロボットが老人の暮らしをサポート。深刻化する介護人材不足の対策にもなると期待されている。

5Gが「少子高齢化」も解消する?

5GやIoTの時代が到来すれば、テレワークやスマート農業といった働き方の選択肢が広がり、遠隔医療や自動運転など、生活の利便性は大幅に向上します。そのため農村部と都市部の暮らしがさほど変わらなくなり、首都圏の人口の一極集中が緩和されるといわれています。

都市部から農村部へ移住を考える人は若者からお年寄りまでさまざまですが、筑波大学では都市部の子育て世代に注目し、移住についての意識調査を行いました。現在、日本では少子高齢化が問題となっていますが、都市部の子育て世代から「農村部へ移住するのであれば、今よりも多く子どもが欲しい」という意見が多く寄せられたそうです。

子育て世代において農村部の暮らしの一番の懸念点は教育です。大学の進学率は都市部では高いものの、地方では低くなるという傾向があり、そのような教育格差が地方への移住を躊躇する要因となっています。ただ、5GやIoTによって通信インフラが整えば教育格差が是正されることは間違いなく、農村部への移住によって人口が増加し、少子高齢化問題が解決するかもしれません。

Chapter 7

用語解説　KEYWORDS

☑ KEY WORD
VR ツール （P.124）

目の前にある現実とは違う現実を体験できる「VR（バーチャル・リアリティー）」が設計できるソフトウェア。VR ツールの開発環境は発展途上段階だが、5G によって多数同時接続が可能となれば、バーチャルイベント空間やバーチャルライブ会場など、大人数でコミュニケーションが取れるようになる。また、VR ツールを使えばゲームも制作できるので、新しいゲーム市場が生まれる可能性がある。

☑ KEY WORD
3DCG （P.130）

コンピューター上で立体空間の情報をつくり出し、3 次元の世界を投影した CG。3 次元コンピューターグラフィックスともいう。従来は大企業や研究所といった高いコンピューター技術を持っているところでしか扱えなかったが、技術の進歩によって小さな企業でも扱えるようになった。すでに映画やゲームではおなじみだが、今後は小売業界や教育現場などで活用されるといわれている。

☑ KEY WORD
ビッグデータ （P.127）

パソコンやスマートフォン、IoT などから得られる膨大なデータ。ビッグデータを構成する要素として、「データ量が多いこと」「データの種類が豊富であること」「データ生成の頻度が高く、スピードが速いこと」が挙げられる。ひと昔前はデータの保存や収集ができなかったり、データを処理する技術がなかったりして捨てていたが、テクノロジーの発展により可能になった。

☑ KEY WORD
HMD （P.131）

頭部に装着して静止画や動画といった映像信号を表示する装置。主に VR と連動して使われる。頭の動きを検知するヘッドトラッキングという技術を用いることで、顔の向きに合わせて 360℃の映像をつくり出すこともできる。1990 年代に登場したが、値段が高く乗り物酔いのような症状を引き起こすことで普及することはなかった。現在はそれらの問題点が解消され、再び注目を集めている。

☑ KEY WORD
ウェアラブルデバイス （P.129）

コンピューターが内蔵された体に身につけるタイプの装置。わかりやすい例としてスマートウォッチが挙げられる。腕時計として身に付けられ、歩数や心拍数がわかったり、ニュースの閲覧や音楽を聴いたりすることができる。また、スマートフォンやタブレット端末よりも小型なので、業務の効率化や顧客満足度を向上させるツールとして、今後さまざまな業種で導入される可能性がある。

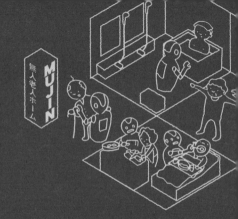

Chapter

8

5G business
mirudake note

「5G」で未来はこうなる!
エンタメ 編

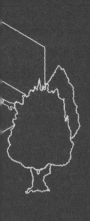

「5G」がもたらす未来と聞いて、
私たちが一番イメージしやすいのは、ゲームや動画配信、
スポーツや音楽ライブの xR 活用といった
エンターテインメント分野かもしれません。
また、この章ではあまり知られていない
「5G」のリスクについても解説します。

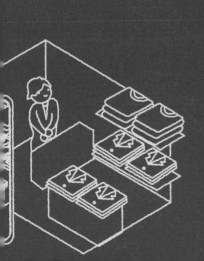

01 5Gがもたらす
エンタテインメント革命

高精細画像の配信を可能にする 5G が動画配信やゲーム、さらに TV の世界も変えてしまいます。

2 時間の映画をわずか 3 秒でダウンロード可能な 5G の大容量通信は、エンタテインメントの世界にも劇的な変化をもたらします。**超高精細画像**の配信が 5G のメインコンテンツになるといわれるなか、通信事業各社はサービスの拡充に着手しています。NTT ドコモは 2019 年、ウォルト・ディズニージャパンと共同で動画サービス「ディズニーデラックス」を開始。米アップル社も定額配

エンタメ業界は5Gで盛り上がる

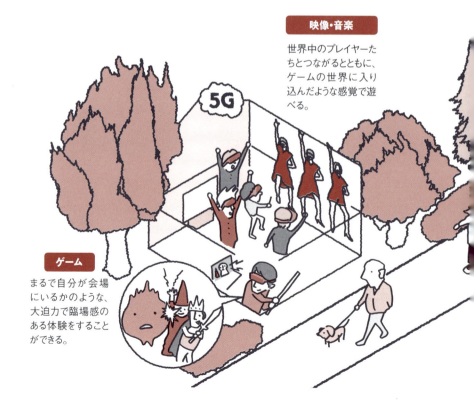

映像・音楽
世界中のプレイヤーたちとつながるとともに、ゲームの世界に入り込んだような感覚で遊べる。

ゲーム
まるで自分が会場にいるかのような、大迫力で臨場感のある体験をすることができる。

信サービス「アップル TV プラス」をスタートしました。ネットテレビ局「Abema TV」もモバイル回線経由のユーザー獲得に期待を寄せています。

また、5G は TV 放送のあり方も変えてしまうといわれています。それが「**IP 同時再送信**」です。放送中の TV 番組をインターネット経由で視聴できるサービスで、NHK が実用化に向けて動き出しています。実現すれば、放送区域外、例えば海外でも、日本で放送中の番組をスマートフォンで視聴可能。5G の特長はドラマや映画の配信にとどまらず、生中継コンテンツでも力を発揮します。

その一つがスポーツ中継の配信です。5G の持つ「低遅延」をいかせば、迫力のある映像をリアルタイムで味わうことが可能で、視点を切り替えればプレーヤーや審判の目線で楽しむこともできます。さらに低遅延が求められる分野にオンラインゲームがあります。高速で技が繰り出される格闘ゲームなどではプレーヤーの入力が即座に反映されなければいけません。5G はゲームの世界も進化させるのです。

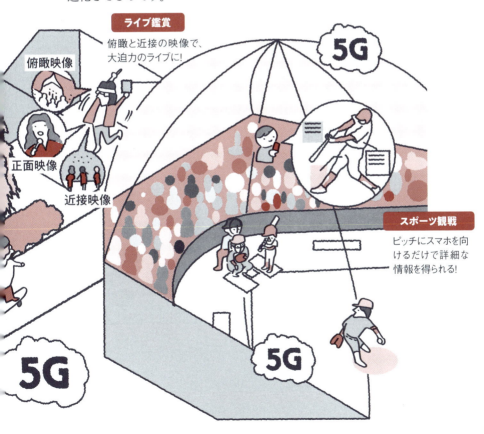

ライブ鑑賞
俯瞰と近接の映像で、大迫力のライブに！

俯瞰映像

正面映像

近接映像

5G

スポーツ観戦
ピッチにスマホを向けるだけで詳細な情報を得られる！

5G

5G

02 「クラウドゲーム」と 「e スポーツ」

勝負の命運を分ける通信の不安定さを解消、5G がオンライン ゲーム界に変革をもたらします。

クラウド上でゲームソフトの処理が行われ、利用者は自分の端末からクラウド にアクセスしゲームを楽しむ、これがクラウドゲームです。2000 年のはじめから、 いくつかの企業がクラウドゲームの商用化に乗り出しましたが、残念ながら広 く普及することはありませんでした。その一番の原因は先にも話した動作遅延。 とくにスマートフォンなど無線でネットにアクセスするデバイスの場合、どうし

デジタル世界のゲームが進化する

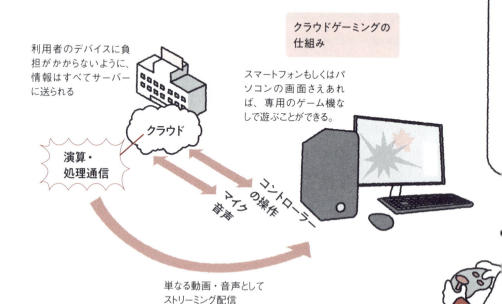

利用者のデバイスに負 担がかからないように、 情報はすべてサーバー に送られる

クラウド

演算・ 処理通信

クラウドゲーミングの 仕組み

スマートフォンもしくはパ ソコンの画面さえあれ ば、専用のゲーム機な しで遊ぶことができる。

コントローラー の操作

マイク 音声

単なる動画・音声として ストリーミング配信

てもタイムラグが発生し、ゲームの進行を妨げていたのです。5G の「超高速・大容量」「低遅延」がこうした**動作遅延の解決**につながることでしょう。

5G の普及を見据え、2019 年、Google がクラウドゲームサービス「**Stadia（スタディア）**」（▶ p152）でゲーム業界への参入を宣言しました。同様に 5G に期待が寄せられるゲームに「e スポーツ」があります。e スポーツとはビデオゲームを使った対戦をスポーツ競技として捉えるものです。2024 年に開催予定のパリオリンピック、パラリンピックでの新種目としての採用も検討されているほど、今、世界中で大きな盛り上がりを見せています。ただし、大会会場では多数のデバイスを同時につなぐため、通信が不安定になるなどの問題点も指摘されています。しかし、5G の特徴である「同時多接続」がその解決につながります。さらにゲームをクラウド上で処理することで、これまで PC やコンソールでしか対戦できなかったような高度なゲームが、スマートフォンでもできるようになります。

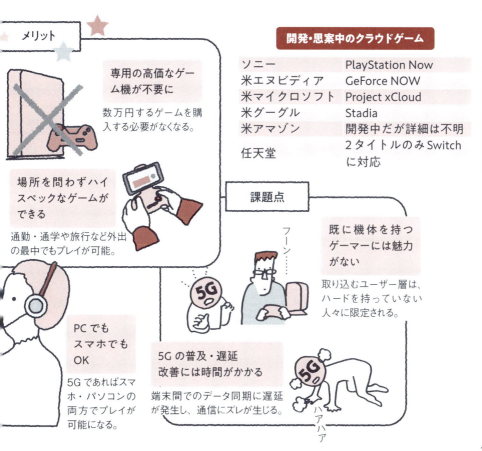

メリット

専用の高価なゲーム機が不要に
数万円するゲームを購入する必要がなくなる。

場所を問わずハイスペックなゲームができる
通勤・通学や旅行など外出の最中でもプレイが可能。

PC でもスマホでも OK
5G であればスマホ・パソコンの両方でプレイが可能になる。

開発・思案中のクラウドゲーム

ソニー	PlayStation Now
米エヌビディア	GeForce NOW
米マイクロソフト	Project xCloud
米グーグル	Stadia
米アマゾン	開発中だが詳細は不明
任天堂	2 タイトルのみ Switch に対応

課題点

フーン……

既に機体を持つゲーマーには魅力がない
取り込むユーザー層は、ハードを持っていない人々に限定される。

5G の普及・遅延改善には時間がかかる
端末間でのデータ同期に遅延が発生し、通信にズレが生じる。

ハァハァハァ

141

03 「マルチアングル」での 新たなスポーツ・ライブ体験

複数のアングルから自分の観たい映像を選ぶマルチアングル
機能で、よりリアルな体験を。

大容量の高精細画像の送信を可能にする 5G は、「マルチアングル」という新しい視聴体験を実現します。2019 年、日本中を熱狂の渦に巻き込んだラグビー W 杯日本大会において、NTT ドコモが 5G プレサービス端末を利用したマルチアングル視聴実験を行いました。会場内に設置されたカメラで撮られた複数の映像が、観客が持つ端末に 5G を使いリアルタイムで送られ、観客は観戦しながらお気に入りの選手のプレイなど、観たい映像をセレクト。ハイライトや見逃したシーンをリアルタイムでチェックすることもできるのです。

スポーツは多面的に視聴する時代

撮影された映像が、
リアルタイムで
配信される。
スムーズに切り替えて
視聴することが
可能に。

スタジアムのように大勢の人が集まる場所でも、5Gの同時多接続を使えば通信が不安定になることはなく、大容量の高精細画像をリアルタイムで送信することができるのです。マルチアングル機能は、PV（パブリック・ビューイング）での活用も期待されています。ラグビーW杯の際に行われた視聴実験でも、国際映像を含めた7つのアングルがPVに映し出され、観客は臨場感あふれる映像を観て大いに盛り上がりました。ソフトバンクも5Gを活用し、バスケットボールの国際試合の8K映像をマルチアングルでライブ配信することにすでに成功しています。また、NTTドコモは音楽ライブの生配信をマルチアングルで楽しめる「新体感ライブ」をすでにスタート。5Gが実用すれば、高解像度を維持したまま好きなアングルを拡大できるので、より臨場感を味わえるようになるでしょう。

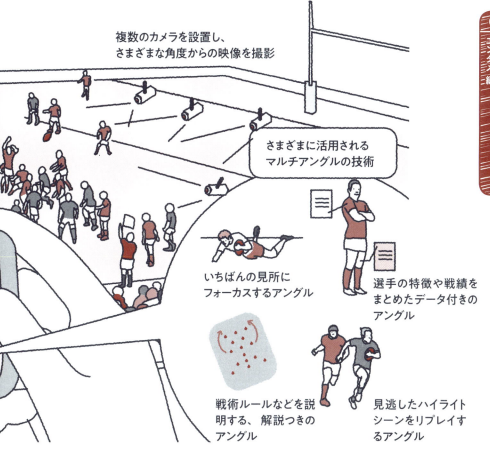

複数のカメラを設置し、さまざまな角度からの映像を撮影

さまざまに活用されるマルチアングルの技術

いちばんの見所にフォーカスするアングル

選手の特徴や戦績をまとめたデータ付きのアングル

戦術ルールなどを説明する、解説つきのアングル

見逃したハイライトシーンをリプレイするアングル

04 5Gの時代は「バーチャルインフルエンサー」が大活躍？

まるで人間!?　5G の高速・大容量はリアルなキャラクターを生み出し、自在に動かします。

「キズナアイ」や「YuNi」など人気の **VTuber** が次々と誕生しています。VTuber とは「Virtual YouTuber（バーチャル・ユーチューバー）」の略で、アバターと呼ばれる仮想キャラクターが YouTube の配信主として活動すること。実際の人間の動きをデジタル化し配信することでキャラクターに反映させますが、5G の持つ「高速大容量」「低遅延」を使えば、VTuber が歌う音楽ライブや観客と

リアルアイドルよりも人気が出る!?

VTuber
大手動画サイト YouTube などにおいて、キャラクターを作成し、配信活動を行うクリエイターたち。

バーチャルキャラクター
実在しない架空のキャラクターのこと。「初音ミク」は企業ともコラボし、VTuber の先駆けとなった。

リアルタイムでやりとりするトークライブも可能になります。VTuber 専用アプリも登場。誰もが VTuber になれる時代がやってきました。

アニメ的なキャラクターが活躍する VTuber に対し、より人間に近いリアルなキャラクターも注目を集めています。それが「バーチャルインフルエンサー」と呼ばれる存在です。3DCG（3次元コンピューターグラフィックス）でリアルな人間のように作られた**バーチャルモデル**のことで、バーチャルに見えないクォリティの高さと、ファッションモデルとして活躍したり、Instagram や Twitter で自身の考えを主張したりするなど、まるで実在しているようなリアリティが特徴です。5G の実用化で大容量データが高速で送受信されるようになれば、SNS 上での存在感はますます大きくなるでしょう。すでにバーチャルモデル専門のモデル事務所が誕生するなど、バーチャルインフルエンサーの存在は今後も注目を集めると考えられています。

バーチャルモデル
インスタグラムなどの SNS の中で、CG によって再現された、バーチャルのモデル。

もはや生身の人間はお払い箱??
生身の人間は不適切な発言が炎上するなどトラブルが絶えないが、人工的なバーチャルインフルエンサーはコントロールが利くのでそういった問題は起こりにくい。安全性が高く、企業からすればリスク回避につなげることができるのだ。

05 未来の「xRグラス」とは？

ヘッドセットからメガネ型へ、小型のデバイスによりバーチャル体験がますます身近に。

5Gの実用化によって、市場が拡大すると期待されているのがxRをとりまく技術です。「xR」とは、一般的にVR（仮想現実）とAR（拡張現実）、さらにMR（複合現実）技術の総称と捉えられ、5Gが低遅延を実現することで、よりリアルな体験が可能になると考えられています。これらを体験するには現状では頭部に装着するヘッドセットタイプのデバイスが必要です。しかし、アメリカの通

メガネ型デバイスが常識になる!?

xRグラスの機能

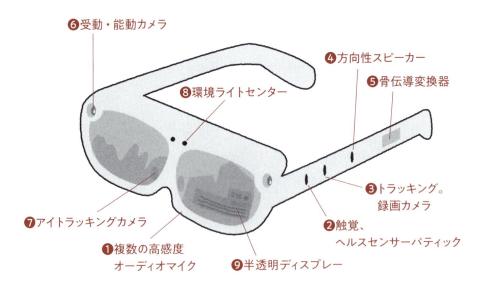

❻受動・能動カメラ

❹方向性スピーカー

❺骨伝導変換器

❽環境ライトセンター

❼アイトラッキングカメラ

❸トラッキング。録画カメラ

❷触覚、ヘルスセンサーパティック

❶複数の高感度オーディオマイク

❾半透明ディスプレー

信メーカー「**クアルコム**」（▶ p152）は 2019 年、5G の実用化を見据えた**メガネ型端末**「xR グラス」に関するレポートを発表しました。

この先、登場するであろう xR グラスとはどのようなものでしょうか。メガネ状の仕様で、レンズ部分がディスプレイの役目を果たし、テンプル部分にはバーチャルな情報をプロジェクションする技術をはじめ、多様なセンサーやカメラ、方向性スピーカーといったフィードバック技術などが搭載されます。xR グラスの最大のメリットはなんといっても**小型・軽量化**。VR や AR ヘッドセットのもつ上下、左右、前後、見上げる＆見下げる、首を傾げる、首を横に振るという 6 つの方向の動き「**6DoF**」（▶ p152）も、より自由に駆使できると考えられています。KDDI はサングラスに似た形状の AR グラス「nreal light」の国内展開に向け、実証実験をスタート。米 Apple 社も ARVR 両用グラスの開発に取り組んでいるといわれています。

❶ 高感度マイクの搭載によって、所持者の通話時の声を逃さない。

❷ 触覚機能の使用によって所持者の健康状態を計測。デジタル医療として応用が可能。

❸ 写真撮影・動画の録画機能も搭載され、仕事の業務報告や、研修でも活用できる。

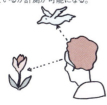

❹ 特定の人物やその範囲にのみ音声を届けることのできる機能。

❺ 鼓膜ではなく骨伝導によるため、音漏れの防止や、難聴者にも音声を届けやすいメリットがある。

❻ 通常時は AR によって受動的に情報を取り入れ、能動的に情報を他者へ共有することが可能。

❼ 所持者の眼球を追跡することで、その人がどこへ視線を送っているか計測が可能になる。

❽ 周囲の明暗の度合いに応じて、自動的に視界の明るさを調節してくれる機能。

❾ 通常のものとは違い、透過することによってディスプレイの裏側が見えるようになる。

知っておきたい 5G のリスク

06

5G は私たちの生活や社会を良くするものですが、リスクがあることも知っておきましょう。

5G がもたらすのは明るい未来ばかりとは限りません。あらゆる分野や機材などの IoT 化が進むことで、サイバー攻撃や情報漏洩、健康被害などが発生するリスクも懸念されているのです。4G でも、**サイバー攻撃**（▶ p152）はときに甚大な被害をもたらしてきましたが、5G の導入によってさらに IoT 化が進んだ社会ではシステムへの依存度も高くなり、それらがハッキングされた際の被害はさらに深刻なものになるでしょう。しかし、5G 導入により懸念されるリスクはそれだけではありません。

5G に潜む3つのリスク

●セキュリティー

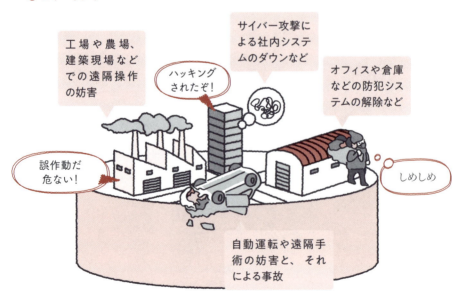

工場や農場、建築現場などでの遠隔操作の妨害

ハッキングされたぞ！

サイバー攻撃による社内システムのダウンなど

オフィスや倉庫などの防犯システムの解除など

誤作動だ危ない！

しめしめ

自動運転や遠隔手術の妨害と、それによる事故

5Gが普及した社会では、動画の投稿などもより容易になります。しかも、4Gよりも格段に高精細な動画の公開が可能です。すると、投稿者自身は注意しているつもりでも、些細な情報から個人の居住地や家族構成などの**プライバシーが漏洩**してしまう危険性が増します。また、すでにインターネットの世界で大問題になっているように、個人情報が吸い上げられ、利用者が気づかないうちに利用される危険性も懸念されています。さらに、**電磁波**の問題があります。5Gは高速・大容量での通信を行うため、**電磁波被ばく**（▶p152）も増大するのではないかともいわれています。もちろん、各国で対策が講じられていますし、これらのリスクがあるから5Gは使わないほうがよいというわけではありません。課題を理解しながら正しく利用していくことが大切です。

●プライバシー

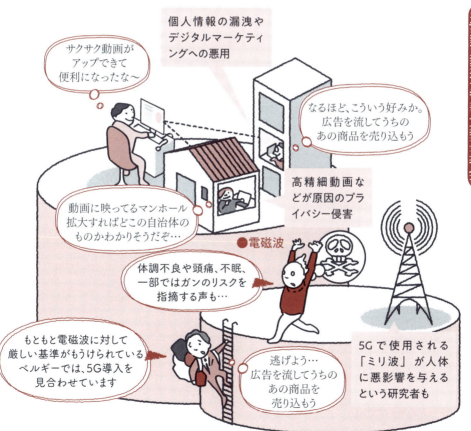

話題の5Gスマホって 何がすごいの?

　世界ではすでに5Gスマホの商用化が始まっています。

　先陣を切ったのは韓国のサムスン電子。5G対応スマホ「Galaxy S10 5G」の販売を皮切りに、折りたたみ式スマホ「Galaxy Fold」も発表しました。一方、ヨーロッパの端末市場で存在感を増しているのが中国勢です。華為技術(ファーウェイ)の「Mate 20X 5G」と小米(シャオミ)の「Mi Mix3 5G」がスイスで、中興通訊(ZTE)がフィンランドで「Axon 10 Pro 5G」の販売をそれぞれ開始しました。日本では2019年、ソニーとシャープが試作機を報道陣に公開。ここでシャープは2GBの映画を5秒でダウンロードできるとアピールしています。

　5Gの高速大容量というメリットを最大限にいかせるコンテンツはやはり動画配信です。各社ともディプレイの高性能化、大画面化に力を入れており、なかでも注目を浴びているのがサムソン電子の「Galaxy Fold」やファーウェイの「Mate 20X 5G」などの折りたたみ型スマホ。本体を開き内側をあわせるとひとつのディスプレイになるというもので、これまでにない映像体験を実現させました。

折りたたみ型のスマホはこれまでにも存在しましたが、ふたつの画面にひとつの映像を表示する場合、どうしてもディスプレイの枠が画面を分割してしまい、ひとつの画面として楽しむには不十分でした。しかし、ディスプレイ技術の革新により誕生した折りたたみ型スマホは、そんな問題を解決。分割した画面によるストレスは存在せず、高精細な画像が大画面で堪能できるのです。

　5G 向けチップの特許使用問題などで 5G スマホの開発にやや出遅れた感のある米アップルですが、すでにスタートしている自社制作コンテンツを含めた動画配信サービスや定額制のゲームサービスを武器に、巻き返しをはかるとみられています。2020 年に発売予定の 5G 対応 iPhone は中国・韓国勢が優勢を占める市場にどこまで食い込むか、と話題を集めています。

　次々と登場するハイスペックな 5G 対応スマホですが、最新の半導体やディスプレイ、大容量電池が必要なため、しばらくは高額商品として推移しそうです。「Galaxy Fold」が日本円で約 24 万円、「Mate 20X 5G」が約 26 万円と気軽に手を出せる価格ではありませんが、今後数年の間に 5G が普及していくにつれ、価格帯も低下していく見込み。今後は AI の進化に伴いさらに機能が追加されることが予想されており、5G スマホは日常生活のなかで欠かせないものになっていくことでしょう。

☑ KEY WORD

Stadia（P.141）

Google 社が 2019 年 11 月に日本を含まない 14 カ国でプレサービスを始めたゲームストリーミングサービス（2020 年 2 月に全面的に提供開始）。10 年ほど前からある構想で、ゲーム本体はデータセンターにあり、ユーザーは手元にダウンロードせずに Web ブラウザやアプリでプレイできるというもの。メリットは、ハイスペックな PC が必要だったきれいなグラフィックスのオンラインゲームが、スマートフォンや普通の PC で遊べるようになることです。

☑ KEY WORD

クアルコム（P.147）

セルラー通信の半導体を提供する企業としてスタートしたアメリカの通信メーカー。スマートフォンや PC のチップを提供する会社としても知られ、Snapdragon（スナップドラゴン）シリーズは、スマートフォン市場のトップシェアで、第 5 世代移動通信システム（5G）に対応した最新のモバイルチップを 2018 年に発表し、Android 対応のハイエンド機種の多くが Snapdragon シリーズを採用。中国勢 5G チップスマホとのシェア合戦でたびたび名が挙がってくる話題のメーカーです。

☑ KEY WORD

6DoF（P.147）

元の意味は 3 次元において剛体が取り得る動きの自由度のこと。前後・上下・左右の 3 軸の動きである 3DoF をさらに進化させた動きのことを指します。具体的には、3DoF では固定された位置での XYZ 軸の動き（前後・上下・左右）だけだったものが、軸を固定されることなく動けるようになるというものです。とくに VR ゴーグルでこの動きが再現されるようになることで、VR 上でリアルな動きができるようになると期待されています。

☑ KEY WORD

サイバー攻撃（P.148）

サーバやパソコンなどのコンピューターシステムにネットワークを通じてアクセスし、そのシステムの破壊やデータの窃取、改ざんなどを行うサイバー攻撃。5G 時代には一般ユーザーが高速・大量通信の恩恵を受けるだけでなく、サイバーテロリストによるサイバー攻撃の危険性が増すのではといわれています。それを防ぐためにも、インターネット接続の際には 5G 対応の最新セキュリティソフトなどを早めに導入するほうが得策です。

☑ KEY WORD

電磁波被ばく（P.149）

空間の電場と磁場の変化によって作られる波である電磁波は、最新の通信システムにも利用されていますが、一定の周波数の電磁波は人体への有害性が指摘されています。1 日 20 分 5 年間使い続けていると脳腫瘍のリスクが 3 〜 5 倍になるという研究結果があったり、WHO では電気導線、排気ガス、クロロホルムと同じ発がん性のカテゴリとしているなど、携帯電話に限らず、IoT 機器の普及で電磁波被ばくを引き起こす機器が増えるといわれています。

掲載用語
索引

あ行

か行

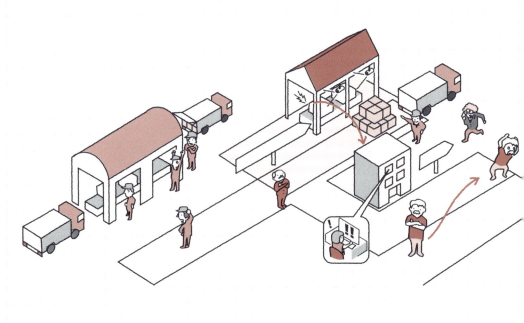

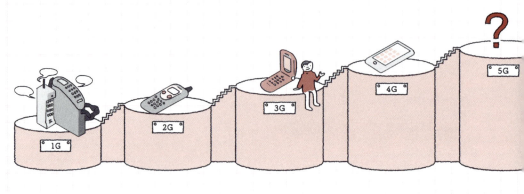

主要参考文献

5G ビジネス
亀井卓也　著（日本経済新聞出版社）

「5G 革命」の真実──5G 通信と米中デジタル冷戦のすべて
深田萌絵　著（ワック）

日経 BP ムック 5G ワールドへようこそ！
日経×TECH　編（日経 BP）

5G でビジネスはどう変わるのか
クロサカタツヤ　著（日経 BP）

週刊東洋経済 2019 年 5/25 号
5G 革命（東洋経済新報社）

週刊エコノミスト 2019 年 11/5 号
特集：5G のウソホント（毎日新聞出版）

週刊ダイヤモンド 2019 年 11/9 号
特集：5G 大戦（ダイヤモンド社）

STAFF

編集	坂尾昌昭、小芝俊亮、木村伸司、細谷健次郎、土屋萌美（株式会社 G.B.）、平谷悦郎
執筆協力	阿部えり、高山由香、竹治昭宏
本文イラスト	本村誠
カバーイラスト	ぷーたく
カバー・本文デザイン	別府拓（Q.design）
DTP	ハタ・メディア工房株式会社

監修 三瓶政一（さんぺい せいいち）

大阪大学大学院工学研究科電気電子情報工学専攻教授。工学博士。2014 年より第 5 世代モバイル推進フォーラム（5GMF）技術委員長、2015 年より総務省情報通信審議会委員を務める。東京工業大学工学部電気電子工学科卒業、同大学大学院総合理工学研究科物理情報工学専攻修了。郵政省電波研究所（現・情報通信研究機構）主任研究官、カリフォルニア大学デービス校客員研究員を経て、1993 年に大阪大学助教授となり、2004 年より現職。

次の 10 年を決める「ビジネス教養」がゼロからわかる！

5G ビジネス見るだけノート

2020年1月31日　第1刷発行

監修　　　三瓶政一

発行人　　蓮見清一
発行所　　株式会社 宝島社
　　　　　〒102-8388
　　　　　東京都千代田区一番町25番地
　　　　　電話　営業：03-3234-4621
　　　　　　　　編集：03-3239-0928
　　　　　https://tkj.jp

印刷・製本　サンケイ総合印刷株式会社